もくじ

はじめに………… 4

第1章 トンボの特徴とくらし──まちのトンボを観察しよう

まちの中でトンボをさがすには………… 6
まちの中でよく見かけるトンボ………… 8
トンボのからだ調べ………… 10
＜もっと知りたい＞　トンボではないトンボ………… 11
大きな眼が大部分をしめる頭………… 12
トンボは動物の中の名パイロット………… 14
あしの特徴と働き………… 16
長いしっぽはとても便利………… 18
トンボの一生とくらし………… 20
オスとメスの出会いと交尾………… 22
子孫をのこすための産卵………… 24
トンボとりにチャレンジ………… 26
＜もっと知りたい＞　標本として保存する方法………… 27
＜コラム＞　トンボの季節………… 28

▲シオカラトンボ

▲コサナエ

◀モノサシトンボ

▲おつながりのナツアカネ

トンボをさがそう、観察しよう

どこで、どのようにくらしているの？

新井 裕

PHP

▲モートンイトトンボ

▲ミヤマカワトンボ

第2章 トンボと自然環境――むらのトンボを調べよう

むらの環境とトンボ…………30
田んぼとトンボの関係…………32
田んぼを利用するトンボ…………34
田んぼの減少とトンボへの影響…………36
アキアカネが激減！そのわけは？…………38
むらの流水でくらすトンボ…………40
ため池でくらすトンボたち…………42
＜コラム＞　トンボの名前…………44

▲ヒメアカネ

第3章 旅をするトンボ――移動のなぞをさぐろう

どんなトンボが移動するの？…………46
新天地開拓型とふるさと固執型…………48
まちやむらの中の移動…………50
むらとまちとの移動…………52
移動を助けるトンボ池づくり…………54
海をわたるウスバキトンボの片道移動…………56
里と山を往復するアキアカネの長距離移動…………58

巻末資料　トンボの羽化の観察とヤゴすくい…………60
さくいん…………62

▲アキアカネ

はじめに

　トンボは、人の手が入らない自然が豊かな山奥の渓流や、高山の湿原などでくらすものもいますが、多くは人が自然に手を加えてつくりだした、田んぼやため池、用水路などでくらしています。さらに、人口が密集したまちの公園の池や学校のプールなどでも見られます。このように、トンボはむらやまちなど、人間のそばでくらす身近な生き物なのです。

　ところが、人間のそばに寄りそって生きてきたトンボの姿が、最近、急にへってきました。それとともに、トンボに関心を持つ子どもたちも、めっきり少なくなっています。わたしの子ども時代は夏休みになると、捕虫網を手に、トンボやセミとりに熱中したものですが、最近は、虫とりをしている子どもの姿をめったに見ません。炎天下で虫とりをするより、エアコンのきいた部屋でゲームをするほうが快適で、楽しいのでしょうか。でも、生き物を調べることには、ゲームでは味わうことのできない感動があります。

　それには、まず、本物の生き物と出会うことです。トンボを通して生き物とふれあい、生き物を調べる楽しさを体験してもらいたい、そのおもいをこめて本書を書きました。ぜひ、外にでてトンボと出会ってください。どこにすんでいても、その気になりさえすれば、みなさんのまわりにはトンボがいるはずです。本書を参考に、みなさんの手で、まちやむらのトンボのようすや、トンボをとりまく環境などを調べて、トンボに関心を持ち、新たな発見をしてくださるとうれしいです。

新井　裕

◀トンボとりは楽しい。捕虫網を持つと夢中になってしまう。

◀ショウジョウトンボ

▶シオカラトンボ

▼交尾するギンヤンマ

第1章 トンボの特徴とくらし
――まちのトンボを観察しよう

第1章 トンボの特徴とくらし——まちのトンボを観察しよう

まちの中でトンボをさがすには

トンボは自然の豊かな"いなか"に行かないと見つからない、とおもっていませんか？ でも、あんがい身近な場所でも見つかるものです。さあ、トンボをさがしにでかけましょう。

トンボの一生（ギンヤンマの場合）

水辺でオスとメスが出会い、交尾・産卵をする。

羽化するとすぐに水辺からはなれる。

水中からでて羽化する。

卵

幼虫（ヤゴ）は、からだの大きさに応じたえさをとり、脱皮しながら成長する。

トンボのくらしから考える

トンボは子孫をのこすために、水辺で交尾や産卵をします。卵からふ化した幼虫をヤゴとよび、水中でくらし、水辺で羽化して成虫になります。トンボにとって水辺は生きていくために欠かせない場所です。まず水辺をさがすのがポイントです。

水辺さがしのポイントは公園

大都会のどまん中にはビルが建ちならび、とても水辺がありそうにおもえません。ところが、あんがい大都会にも水辺があるものです。めざすは公園です。大きな公園には、噴水がでる人工の池がよくあります。ビルの谷間の小さな公園にも、池をそなえたところがあります。さらに植物園、昔の大名屋敷や大金持ちの庭を公園にした場所にも、池がつきものです。昔のため池を公園にしたところでは、おもいがけずめずらしいトンボと出会うこともあります。

海辺の公園にはトンボが多い

大都市近郊には、海をうめたててできた海浜公園もあり、池にはギンヤンマなどいろいろなトンボがやってきます。このような池では、ビル街の池では見られないめずらしい種類がやってきます。東京都内のある海浜公園では、第2章で紹介する自然豊かなむらでも、めったに見られないアオヤンマやベニイトトンボが多数くらしていました。

▲高層ビル街の東京ミッドタウン（六本木）に隣接する公園の池。ここは江戸時代の大名屋敷の庭園のなごり。

▲都心のオアシス日比谷公園にある池。

▲東京上野公園にある不忍池。自然の池を公園として利用。

▲海辺のうめたて地につくられた公園の池はトンボの楽園。都内のうめたて地の池にめずらしい種類のベニイトトンボ（円内）が多く見られる。

ビオトープ池や学校の水泳プール

　最近は校庭や公園、河川敷などのさまざまな場所に、ビオトープ池※がつくられています。こうした池には、シオカラトンボ、ショウジョウトンボ、オオシオカラトンボ、クロスジギンヤンマをはじめ、アオイトトンボやキイトトンボなどのイトトンボもやってきます。

　水泳の季節が終わったあとの学校のプールには、シオカラトンボ、アキアカネ、コノシメトンボ、ウスバキトンボ、ギンヤンマなどが産卵にきます。卵からふ化したヤゴのうち、ウスバキトンボだけはその年の9～10月に羽化しますが、ほかの種類は翌年の初夏に羽化します。ところが、もう一歩で羽化という時期に、プールそうじでヤゴはすべて下水に流されてしまいます。最近はこうしたヤゴを救いだす学校もふえています。

　葉や枝が水面に落ちるようなプールでは、落ち葉をえさに植物プランクトンがふえ、植物プランクトンをえさに動物プランクトンがふえ、それをヤゴがえさにするのでしょう。多いときには3000びきものヤゴが救出されることもあるそうです。

※ビオトープとはドイツ語で生き物がすむ場所の意味。近年は生物、とくに小動物が生きられる環境を再現した場所に使われている言葉。

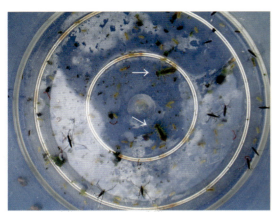

▲プールで救出されたヤゴ（矢印）やアメンボ。

▲都内ではプールのヤゴを救出する学校がふえている。

まちの中でよく見かけるトンボ

トンボの多い季節は初夏から秋です。夏にまちの水辺でよく見られるトンボを紹介しましょう。

▲どこでも見かけるシオカラトンボ。

▲シオカラトンボを小ぶりにしたようなコフキトンボ。

水辺でよく見られる4種のトンボ

初夏から夏の終わりにかけて、どこの水辺でも見つかるトンボは、シオカラトンボ、オオシオカラトンボ、コシアキトンボ、ショウジョウトンボの4種類です。おなかの一部をのぞき、全身が黒く、水面をいそがしく飛ぶのはコシアキトンボ、全身まっ赤なトンボは、ショウジョウトンボです。灰色のトンボはシオカラトンボ、全身が青い色をしているのがオオシオカラトンボです。これらは成熟※したオスで、メスと未熟※なオスはあまり水辺では見かけません。

◀全体に青い色をしたオオシオカラトンボ。

水辺で見かけるそのほかのトンボ

ヤンマのような大きなトンボも都会の水辺で見つかります。ギンヤンマ、ウチワヤンマ、オオヤマトンボの3種です。オオヤマトンボは池にそって水面上を低く直線的に飛びまわり、ウチワヤンマは水面からでている"くい"や棒の先に止まっていることが多いです。

そのほか、はね全体が紫色にかがやき、ヒラヒラとチョウのようにまうチョウトンボや、シオカラトンボを小ぶりにしたようなコフキトンボに出会えるかもしれません。水面すれすれを飛ぶオオイトトンボ、クロイトトンボなどのイトトンボもよく見かけます。

成熟するとからだの色が変化するトンボのタイプ

変化の特徴	代表的な種類
オスだけが灰色になる。	シオカラトンボ、シオヤトンボ
メスだけがオレンジ色から黄緑色っぽくなる。	アジアイトトンボ、モートンイトトンボ
オス、メスともに茶色から水色になる。	ホソミオツネントンボ、ホソミイトトンボ
オスだけがオレンジ色からまっ赤になる。	ショウジョウトンボ、ヒメアカネ

▶ま夏に見かけるまっ赤なトンボはショウジョウトンボ。

◀光の具合ではねがかがやいて見えるチョウトンボ。

※トンボの成熟、未熟については10～11ページの「トンボのからだ調べ」も参照。

▲広く明るい池にはウチワヤンマが見られることがある。しっぽの先が"うちわ"のように広がっている。

▲ギンヤンマはまちの公園の池でも飛んでいる。

◀水面の葉に静止するクロイトトンボ。

◀水面の葉に静止するオオイトトンボ。

▲交尾するアジアイトトンボ。上がオス。草むらでもよく見かける。

水辺以外のポイント

　水辺以外の場所もさがしてみましょう。芝生や木立の間の上空、高い木の枝先などがポイントです。初夏にはコシアキトンボが、夏にはウスバキトンボが群れ飛んでいます。秋にはアキアカネも群れに加わります。木立の細い枝先ではナツアカネやノシメトンボなどが、はねを休めています。

▲木の枝先に止まるノシメトンボ。

▶黒と白のパンダ模様のコシアキトンボはまちのトンボの代表。未熟時は腹の帯が黄色く、木の枝に群れて止まることがある。

トンボのからだ調べ

第1章　トンボの特徴とくらし——まちのトンボを観察しよう

トンボのからだの特徴は細く長いしっぽ、りっぱなはね、大きな眼です。からだの色も種類によってさまざまです。トンボのからだとその働きを見てみましょう。

▲サナエトンボの仲間は、はねを広げて水平に止まることが多い（コサナエ）。

▶ヤンマの仲間は、はねを広げてぶら下がって止まる（ヤブヤンマ）。

大きな眼とはね、長い腹

昆虫は、頭・胸・腹（しっぽ）に分かれています。トンボの頭には全体をおおうほどの大きな眼（複眼）があり、胸には4枚の大きなはねと、6本の細く長いあしがあります。腹部がとても長く、10の節があって、上下に折りまげることができます。

トンボの仲間は、世界で6000種近く、日本には200種ほどがいて、二つのグループに分けられています。一つは、ヤンマや赤トンボのように、からだががんじょうで、はねを広げたまま止まるグループ。もう一つは、からだが細く弱よわしい感じのするトンボで、止まるときは、はねをとじるイトトンボやカワトンボのグループです。

▲止まるときは、はねをとじるイトトンボの仲間（キイトトンボ）。
▲アオイトトンボの仲間は、止まるとき少しはねを開く（アオイトンボ）。

◀止まるときは、はねをとじるカワトンボの仲間（ニホンカワトンボ）。

はねの形によるトンボのグループ分け

イトトンボやカワトンボのグループ（均翅類）は、前ばねと後ろばねの形が同じ。止まるときは、はねをとじる。

赤トンボやヤンマのグループ（不均翅類）は、前ばねと後ろばねの形がことなる。止まるときは、はねを開いたまま。

トンボのからだ調べ

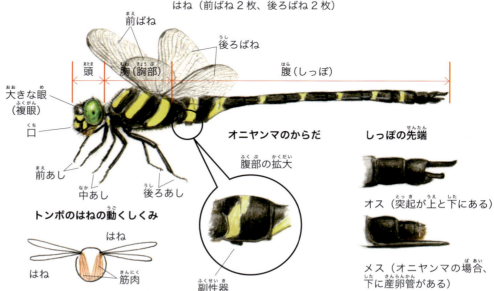

はね（前ばね2枚、後ろばね2枚）
前ばね／後ろばね／頭／胸（胸部）／腹（しっぽ）／大きな眼（複眼）／口／前あし／中あし／後ろあし

トンボのはねの動くしくみ
はね／筋肉
胸部に強力な筋肉があり、前ばねと後ろばねを別べつに動かすことができる。

オニヤンマのからだ
腹部の拡大
副性器（オスだけにあり、精子をたくわえておく器官）

しっぽの先端
オス（突起が上と下にある）
メス（オニヤンマの場合、下に産卵管がある）

ハラビロトンボのオスの体色変化

▲羽化後まもなくは、きれいな黄色。

▲少し成熟すると茶色く変わる。

▲ほぼ成熟すると青黒色になる。

▲すっかり成熟すると青色になる。

からだの色が変化するトンボもいる

　セミやチョウなど多くの昆虫は、羽化するとすぐに交尾や産卵ができます。成虫になったとたん、おとなになっているのです。ところが、トンボの場合、羽化してもすぐには交尾や産卵ができません。羽化してしばらくは、まだ子どもなのです。交尾や産卵ができるようになったおとなを成熟したトンボ、子どもを未熟なトンボとよびます。

　トンボの中には、おとなになるにしたがって、からだの色が変化する種類があります。体重はふえますが、からだが大きくなることはありません。

▲羽化後まもないシオカラトンボは黄土色（左）。メスは成熟しても色が変わらず、黄土色のシオカラトンボを未熟なオスもふくめ、ムギワラトンボともよぶ。成熟したシオカラトンボのオスは灰色（右）。

▲未熟なナツアカネのオスはオレンジ色（左）。成熟したナツアカネのオスはまっ赤になる（右）。

▲羽化後まもないアジアイトトンボのメスはオレンジ色（左）。成熟したアジアイトトンボのメスは黄緑色になる（右）。

●もっと知りたい● トンボではないトンボ

　トンボという名がついていても、トンボの仲間ではない昆虫がいます。ツノトンボとヘビトンボです。ツノトンボは、その名のとおり、触角が大きくめだつのが特徴です。ときどき「図鑑にのっていないトンボを見つけたけど、なんですか？」という質問を受けますが、それはたいていツノトンボです。ツノトンボはアミメカゲロウの仲間なので、図鑑でトンボのところを見てもでていないのです。トンボとことなり、幼虫は地上でくらしています。いっぽう、ヘビトンボにもトンボとにたはねがありますが、眼は小さく、触角がトンボより発達しています。止まるときは、はねをたたみます。夜行性のようで、夜間に樹液や灯火にやってきます。幼虫は清流にすみ、ムカデのような姿をしていて、マゴタロウムシとよばれています。

▲トンボとにているオオツノトンボ。

第1章 トンボの特徴とくらし――まちのトンボを観察しよう

大きな眼が大部分をしめる頭

トンボの頭でめだつのは、光りかがやく大きな眼と、するどい"きば"のある口です。大きな眼でえものや敵を見つけ、口でえものを食べたり水を飲んだりします。

正面から見た頭部

　トンボの顔を正面から見ると、左右に大きな眼（複眼）があり、頭の下側に口があります。人間にある鼻や耳は見あたらないので、トンボは音もにおいも感じないのかもしれません。口には肉を引きさく"きば"があり、うっかりふれるとかみつかれ、いたいおもいをします。とくにオニヤンマのような大きなトンボにかまれると血がでるほどです。

▲カトリヤンマの頭部を正面から見た。大きな複眼と口、短い2本の触角が見える。触角では風を感じるらしい。

▲カトリヤンマの複眼の拡大。たくさんの個眼でできている。

▶カトリヤンマの頭部を背面から見た。

▲口を広げたオニヤンマ。するどい"きば"が見える。うっかりさわるとかみつかれるので注意！

眼のしくみと眼の色

　トンボの複眼を虫眼鏡で見ると、小さなつぶつぶがびっしりならんでいます。このつぶの一つひとつを"個眼"とよびます。ヤンマ類では2万個以上、赤トンボの仲間で1万数千個の個眼があるそうです。この個眼一つひとつが光を感じます。最近の研究で、アキアカネでは上のほうの個眼と下のほうの個眼とでは、感じる光の色がことなることがわかりました。

　「とんぼのめがね」（額賀誠志 作詞）という童謡がありますが、トンボの眼は種類によってさまざまな色があり、宝石のように美しくかがやいています。複眼の上と下とで色がちがう種類もいます。でも、死ぬとすぐに眼の透明感は失われ、黒っぽく変色してしまいます。薬品を用いるなど、どんな方法を使っても、生きているときの眼の美しさを保つことはできません。

▼カトリヤンマの頭部を側面から見た。

トンボの眼の性能

トンボはとても敏感で、人が近づくとすぐにげてしまいます。トンボは動くものに敏感で、遠くの動くものを発見する能力もすぐれています。動くものを見わける能力を動体視力といいますが、人間よりはるかにすぐれており、300分の1秒間隔の点滅を見わけることができるそうです。

ところがオニヤンマのオスは、扇風機やエアコンの室外機の回転するプロペラを、メスとかんちがいするようです。プラスチック板をV字形に折りまげたダミーを使ったカワトンボの実験では、カワトンボはプラスチック板をトンボだとおもって追いかけます。トンボの視力は0.01くらいだそうで、細かな形は区別できず、とりあえず近くまで行って確認するようです。

▲未熟なオニヤンマの頭部を背面から見た。眼は灰色。

▲成熟したオニヤンマの頭部を背面から見た。成熟すると眼は緑色になる。

トンボが見ている世界は？

昆虫は種類によって、人間には見ることができない紫外線が見えるそうですから、人間とはちがった世界が見えているのでしょう。人間の視野は200度くらいですが、トンボはほぼ360度です。

トンボはオスとメスでからだの色がちがったり、成熟するとからだの色が変化したりすることから、色を見わけていることは確かです。トンボにこの世界がどのように見えているのか、きけるものならきいてみたいものですね。

▲ウスバキトンボの頭部を側面から見た。

▲エアコンの室外機につかみかかったオニヤンマのオス。

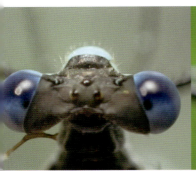
▲アオイトトンボの頭部を背面から見た。

▲ダビドサナエの頭部を背面から見た。

▲シオカラトンボの頭部を背面から見た。

▲オオシオカラトンボの頭部を背面から見た。

トンボは動物の中の名パイロット

第1章 トンボの特徴とくらし——まちのトンボを観察しよう

トンボは大きな4枚のはねを使って大空を飛びかい、空中で停止したり、アクロバット飛行をしたり、飛ぶのがたくみな動物です。トンボのくらしは飛ぶことで成りたっています。

▶はねの前縁の黒い部分が縁紋。細かい網目状の仕切りが翅脈。

うすくてじょうぶなはね

　トンボのはねはとてもうすく、弱よわしく見えますが、多くの翅脈で仕切られ、補強されているので、あんがいじょうぶです。はねの前縁の先のほうに"縁紋"とよばれる斑紋があります。これははねの振動をおさえる重石の役目をすると考えられ、飛行機にも取りつけられているそうです。

　だとすると、縁紋を切りとったら、うまく飛べないはずです。試しに4枚のはねの縁紋をすべて切りとったところ、まったく変わらずに飛べました。また、鳥におそわれたのか、1枚が付け根から取れて、はねが3枚のトンボをたまに見かけることがありますが、まったく問題なく飛んでいました。縁紋はほんとうに重石の役を果たしているのでしょうか。

飛びながらの活動

　トンボは飛びながらえさを食べたり、交尾相手を見つけたり、オスどうしで戦ったりします。トンボの飛行速度は時速40～60kmといわれますが、状況に応じて速度を変え、瞬間的には時速80kmくらいだせそうです。交尾相手のメスを見つけたときは、猛スピードで追いかけ、夕方、えさを求めて低

▼正面から見たホバリング中のカトリヤンマ。前後のはねが交ごに動いている。

▲後ろから見たホバリング中のコノシメトンボ。

▲ウスバキトンボは羽ばたかずに、滑空するように飛ぶのが得意。

▶オスとメスがつながって飛ぶナツアカネ（上）。交尾したまま器用に飛ぶナツアカネ（下）。ともに前方がオス。

空を飛びまわるときは、目にも止まらぬ速さです。反対に、アキアカネが一定方向に移動するときは時速15kmほどでゆっくりです。

また、トンボは交尾しながら飛びまわることも、オスとメスがつながったまま飛ぶこともできます。

飛び方のいろいろ

トンボは宙返りや一定の空間で、停止状態で飛びつづけるホバリング、急降下、急上昇、急旋回など、飛行機やヘリコプターもまねができないさまざまな飛び方ができます。

ホバリング中のトンボをよく見ると、あしはからだに密着させ、空気の抵抗を少なくしていることがわかります。トンボのはねは、1枚ずつ別べつの筋肉で動かしているために、さまざまな飛び方ができるのです。1秒間に30回ほど羽ばたくようですが、風を利用してグライダーのように、ほとんど羽ばたかずに飛ぶこともあります。

大学などの研究機関では、トンボのはねの動きを研究して、その成果をもとにつくられた空気清浄機が売られています。また、弱い風でも発電できる風力発電装置の開発もおこなわれているそうです。

▼横から見たホバリング中のカトリヤンマ。

第1章 トンボの特徴とくらし――まちのトンボを観察しよう

あしの特徴と働き

トンボのあしはか細く、歩くことも走ることも、とびはねることもしません。では、あしはなんのために使うのでしょう。

あしの特徴

　昆虫のあしは6本です。トンボにも6本のあしがあります。からだの大きさにくらべると、あしは細く貧弱です。あしは胸についていて、頭に近いほうから前あし、中あし、後ろあしです。後ろあしがいちばん長く、大きなえものをつかまえるときや、着地するときは、まず後ろあしをのばします。

　あしの内側には"とげ"のような毛がたくさん生えています。これはつかまえたえものをにがさないようにする働きがあると考えられています。あし先

▼草に止まるミヤマアカネ。あしの先端の"つめ"を草に引っかける。

▲止まる直前のアキアカネ。長い後ろあしを先にだして着地する。

▲前あしをちぢめて4本あしで止まるコオニヤンマ。

▲交尾中のシオカラトンボをおそって地面に落下しても、あしでえものをしっかりつかんではなさないクロスジギンヤンマ（左）。

には二つに分かれた"つめ"があります。このつめを引っかけて物につかまります。止まるときにはふつう6本のあしを使いますが、オオシオカラトンボやコオニヤンマなどは、前あしをちぢめて4本あしで止まることが多いのですが、その理由はわかっていません。

あしの働き

トンボのあしのおもな働きは、物につかまったり、えものをかかえたりすることです。

そのほかの働きとして、そうじ道具や武器として使うこともあります。しっぽについたよごれをそうじするときは、しっぽを折りまげて後ろあしの間を通過させます。また、眼がよごれたときは、前あしで眼をこすってそうじをします。グンバイトンボのオスは、ほかのオスが近づくと、あしを広げておどかします。

▲あしではさんでしっぽをそうじするオオアオイトトンボ。

▲あしとあしをこすり合わせ、あしをそうじするアキアカネ。

第1章 トンボの特徴とくらし——まちのトンボを観察しよう

長いしっぽはとても便利

トンボのからだの中でめだつのは長いしっぽです。
しっぽはどんな役目をしているのでしょうか。

自由に動かせるしっぽ

トンボのしっぽ（腹部）はとても長く、上に反らすことも下に折りまげることもできます。オスはしっぽの先にある突起で交尾相手のメスをはさみます。また、とじたはねの間にしっぽを入れて上下に動かし、はねについたよごれをこすり取ることもあります。そして、メスは産卵のとき、しっぽの先から卵を産みます。

しっぽで意思を伝えることも

モートンイトトンボなど、ある種のイトトンボのメスは、オスが近づくと、しっぽを湾曲させて交尾するつもりがないことを伝えます。ハグロトンボのオスやメスはしっぽの先を反らせて、「近づくな！」と知らせます。ハラビロトンボやミヤマカワトンボのオスは、しっぽを反らせて、同じオスに対してはおどかし、メスには求愛をします。

▼しっぽの先を反らせ、たがいにおどかすハグロトンボのオスたち。

▲はねの間に入れたしっぽを上下させ、はねをそうじするニホンカワトンボ。

▲モートンイトトンボのメスがしっぽを湾曲させ、交尾拒否の合図を送っている。

しっぽで見わけるオスとメス

　トンボのオスとメスを見わけるポイントは、しっぽを見ることです（10ページの図も参照）。オスにはしっぽの付け根の腹側に突起状のものがありますが、メスにはなにもありません。このオスにある突起は"副性器"とよばれ、精子をたくわえて交尾するときに使います。オスのしっぽの先には上と下に突起がありますが、メスは上側にあるだけです。オスは飛びながらこの突起だけでメスのからだを支えるのですから、たいへんな力持ちです。

▲アキアカネのオスのしっぽの先には、上下に突起がある。

▲アキアカネのメスのしっぽの先には、上にだけ突起がある。

▶ミヤマカワトンボのオスの場合、水面にうかんでしっぽの先を反らせて求愛する。

▼ヨツボシトンボ（右）を同種のメスとまちがえ、しっぽを反らせて求愛するハラビロトンボのオス（左）。

トンボの一生とくらし

トンボはどんな一生をすごすのでしょう。毎日どのようにくらしているのでしょうか。トンボのくらしをのぞいてみましょう。

▶脱皮中のウスバキトンボのヤゴ。

一生のサイクル

　トンボは卵→幼虫→成虫と姿を変える昆虫です。卵から成虫になるまで、多くのトンボは1〜2年ですが、いちばん成長が早いウスバキトンボは約1か月、いちばんおそいムカシトンボは7〜8年です。いっぱんに池や沼にすむトンボより、川にすむトンボのほうが幼虫期の成長はおそい傾向にあります。幼虫は成虫になるまで9〜13回ほど脱皮をくりかえし、脱皮のたびに一回り大きくなるのです。

未熟から成熟へのくらし

　成虫になったばかりの未熟なトンボは、羽化した水辺からすぐにはなれ、草原や林などに移動してすごします。移動先での仕事は、えさをたくさん食べて成熟したからだをつくることです。未熟なトンボのくらしは単純で、昼間はえさを食べたり休息したりしてすごし、夜になると草木などに止まったまま、朝までじっとしています。
　成熟するとオスは水辺にもどり、交尾相手のメスさがしが日中の仕事になります。朝、明るくなると"ねぐら"から飛びだして、朝ごはんのえささがしに飛びまわります。朝食がすむと、メスがきそうな水辺へ通います。メスも卵を産むために水辺へ行きますが、一部の種類をのぞいて、産卵を終えるとすぐに水辺から飛びさってしまいます。オスは水辺にとどまり、ひたすら交尾相手のメスさがしです。そして夕方になると、オスもメスもえさを求めて飛びまわり、夕食を終えると、夜のねぐらを求めて木立や草やぶへと移動します。

トンボのえさのとり方

　トンボはカやハエなどの生きた虫をとらえて食べます。適当な大きさであれば、あまりすききらいはありません。えさのとり方には、大きく三つのタイプがあります。小さなえさが群れている一定空間を飛びつづけながら、次つぎととらえて食べるタイプ。止まっていて、えさが近づくと飛びあがってとらえ、すぐにもどって止まって食べるタイプ。あちこちさがしながら移動し、えさをとらえるタイプです。いずれも、小さなえさのときは口で、大きなえさのときはあしでつかまえます。

代表的なトンボの各成長段階のおよその期間

種類	卵の期間	幼虫の期間
ムカシトンボ	1〜2か月	7〜8年
オニヤンマ	1〜2か月	3〜4年
ギンヤンマ	1〜3週間	3〜10か月
シオカラトンボ	1〜3週間	3〜8か月
アキアカネ	6〜7か月	2〜3か月
ウスバキトンボ	5〜20日	1〜2か月

▲脱皮ごとに少しずつ大きくなるトンボのヤゴ（オジロサナエの幼虫）。

トンボは水も飲みます。飛びながら瞬間的にチョンと水面に口をつけて水をくわえ飛びあがり、適当な場所に止まって、かみながら飲むのです。水を飲んでもトンボの"ふん"は乾燥しています。

天敵と事故死

トンボにとっておそろしいのは、ツバメやセキレイなどの鳥です。とくに羽化して飛びたったばかりの弱よわしいトンボは、鳥に次つぎとおそわれます。クモにつかまることもよくあります。カマキリ、ムシヒキアブ、ほかのトンボなどに食べられてしまうものもいます。車にぶつかる、水におぼれる、草の間に引っかかるといった事故死もあります。

◀えさ（ガガンボ）を食べるシオカラトンボ。

▲トンボの"ふん"はかわいている（オニヤンマ）。一つの長さは2mm。

◀雨の日は草かげなどでじっとしている（アオイトトンボ）。

▲クモに食べられるオオイトトンボ。

▲カマキリに食べられるオニヤンマ。

▲成熟したオスが若いオスを共食いしているシオカラトンボ。

▲水面で水をくわえるのに失敗して飛びあがれなくなったシオカラトンボ。

▲草に頭部がはさまって死んだヤブヤンマ。

第1章 トンボの特徴とくらし——まちのトンボを観察しよう

オスとメスの出会いと交尾

交尾や産卵ができるからだに成熟すると、トンボは子孫をのこすために毎日けんめいにすごします。

水辺はオスとメスの出会いの場

　成熟したトンボにのこされた命はせいぜい数週間でしょう。活動できない雨の日もあるでしょう。この短い間にオスはできるだけ多くのメスと交尾し、メスは卵を産み終えなければなりません。

　トンボのオスとメスはどのようにして出会うのでしょうか。みなさんがまちの中で友だちと会おうとしたら、場所をきめるでしょう。トンボにも約束の場所があります。それは幼虫が育つ水辺です。幼虫が育つ水辺は種類によってきまっています。大きな深い池や沼で育つもの、水の冷たい谷川で育つもの、湿地や水田などで育つものなどです。メスは種類ごとにきまった水辺に卵を産みにくるので、オスは先まわりしてメスの産卵場所で待っていれば、メスと出会うことができるのです。

▶多くの場合、なわばり侵入者を後方から追いかけて追いはらう（ハグロトンボ）。

▶相手が強いときは、上下にならんだ状態で急上昇する種類もある（ニホンカワトンボ）。

▼水辺につくった"なわばり"を見張るシオカラトンボ。

▲おつながりになったまま精子を副性器に移すオス（アオイトトンボ）。

▲交尾はハート形（オオアオイトトンボ）。メス（下）は尾の先をオスの副性器にくっつける。

▲交尾中のギンヤンマ。メス（下）はオスの副性器から精子を受けとる。

メスをめぐるオスどうしの戦い

　メスがやってきそうな水辺へ行ったら、先に別のオスがいることがよくあります。この場合は、けんかがはじまります。けんかのルールは、大きく二つのタイプに分けられます。先にいたオスが後からきたオスを一定の間隔を保ったまま追いかけ、相手がにげたら終わり。もう一つは、上下にならんだ状態でホバリングしながら、空高くまいあがって相手がにげれば終わりです。

　このようなけんかを"なわばり争い"とよび、先にいたオスがなわばりの所有者で、後からきたオスは侵入者です。たいていは、なわばりの所有者が勝ちますが、何度も戦いをくりかえすうちに、侵入者が所有者を追いはらって、なわばりをうばうこともあります。一つの水辺には複数のなわばりがあり、となり合ったなわばりの所有者どうしで戦うこともあります。

ハートの形をつくって交尾

　メスを見つけたオスは、あしでメスをつかまえると同時に、しっぽの先の突起でメスの頭、または首をはさみます。うまくはさむとあしをはなし、オスとメスがつながった、"おつながり"の状態になります。その後メスがしっぽを折りまげて、しっぽの先をオスの副性器にくっつけます。この状態が"交尾"で、ハート形になります。多くのトンボはオスがメスをつかまえ、交尾の形になるまでを飛びながらおこないますが、イトトンボやカワトンボの仲間は、おつながりになるといったんなにかに止まり、止まった状態で交尾の形になります。

　交尾の時間は種類によってバラバラで、短いものだと2〜3秒、長いものだと7時間前後にもおよび、2〜3秒で交尾を終えるものをのぞいて、草などに静止して交尾をつづけます。

交尾から産卵までの順序（シオカラトンボの場合）

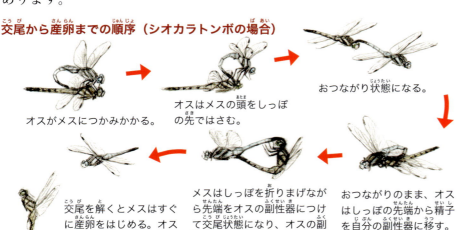

オスがメスにつかみかかる。

オスはメスの頭をしっぽの先ではさむ。

おつながり状態になる。

おつながりのまま、オスはしっぽの先端から精子を自分の副性器に移す。

メスはしっぽを折りまげながら先端をオスの副性器につけて交尾状態になり、オスの副性器から精子を受けとる。

交尾を解くとメスはすぐに産卵をはじめる。オスはメスのそばで見まもる。

◀イトトンボやカワトンボの仲間では、オスはしっぽの先でメスの首をはさむ。

◀ヤンマやシオカラトンボ、赤トンボの仲間では、オスはメスの頭をはさむ。

子孫をのこすための産卵

トンボの産卵方法と産卵場所は種類によってきまっています。どんな場所でどのような方法で産卵をするのでしょう。

さまざまな産卵の場所と方法

　産卵場所はヤゴのくらしに適した水辺です。トンボは自分が生まれた場所をおぼえていて、そこにもどってくるものもいれば、ほかの場所をさがすものもいます。

　産卵の方法は大きく二つに分けられます。一つは発達した産卵管を持つヤンマ類やカワトンボ類、イトトンボ類がおこなう方法で、水辺の草などに卵をうめこみます。もう一つは、シオカラトンボやサナエトンボなど、発達した産卵管を持たないグループがおこなう方法で、空中から産み落とすか、水面に産むものです。産卵のときには、メスだけでおこなう種類が多いのですが、交尾相手のオスとつながったまま産む種類、交尾相手のオスが産卵中のメスの近くにいて見まもる種類もあります。

▲アオイトトンボは大集団で産卵することがある。

▲田んぼや水たまりの岸辺の泥の中に産卵するカトリヤンマ。

▲渓流の朽木に産卵するミルンヤンマ。

▲おつながりで水草に産卵するギンヤンマ。右がメス。

種類による産卵場所と産卵方法

種類	このみの産卵場所	産卵の方法
アジアイトトンボ	池や沼、水田、水たまり	水にひたった草などに卵をうめこむ。
ハグロトンボ	用水路や小川、中河川	流れの弱い場所に生える水草に卵をうめこむ。
ダビドサナエ	谷川や小川	コケや草が生えた水際の上空から卵を1つぶずつばらまく。
アオサナエ	中河川	ゆるやかな流れの水面の上空から卵のかたまりを落とす。
コサナエ	池や沼、水田	草の生えた岸辺で腹部を強くふって卵のかたまりをばらまく。
ギンヤンマ	池や沼、水田、ゆるやかな流れ	水にひたった草などに卵をうめこむ。
サラサヤンマ	林にかこまれた湿地や休耕田	しめった泥や朽木に卵をうめこむ。
ミルンヤンマ	谷川	岸辺にある朽木に卵をうめこむ。
カトリヤンマ	林にかこまれた水たまりや水田	岸辺の泥やあぜのしめった泥に卵をうめこむ。
アオヤンマ	アシ（ヨシ）やガマが密生した沼地	水中からでたアシやガマの茎に卵をうめこむ。
シオカラトンボ	池や沼、水田、ゆるやかな流れ	腹のはしで水面をすくうようにして、水滴を飛ばしながら産む。
アキアカネ	水田、湿地、水たまり	ごく浅い水面に腹のはしをリズミカルにたたきつけて産む。
ナツアカネ	水田、湿地	背の低い草や稲穂、地面の上に卵をばらまく。
ヒメアカネ	湿地	草のしげみの水たまりの底に腹のはしをつきさすようにして産む。
コシアキトンボ	林にかこまれた池や公園の池	水面にうかぶ木片などに腹のはしをたたきつけて卵を付着させる。

▲産卵中のメス（左）のそばでオスが見まもる種類もある（アオハダトンボ）。

▲イトトンボの仲間では、産卵中にオスがメスをつかんで直立して見張る種類もある（モノサシトンボ）。

▲イトトンボやカワトンボの仲間は、水中にもぐって産卵することもある（ミヤマカワトンボ）。

▲空中から一つぶずつ、卵（矢印）を産み落とすダビドサナエ。

▲からだを上下させながら川底に産卵するオニヤンマ。

トンボとりにチャレンジ

トンボとりはとても楽しい遊びです。でも、とてもむずかしい遊びです。やっとのことでつかまえたときの喜びと感動を味わいましょう。

▲トンボとりに熱中する子どもたち。
◀つかまえたトンボは、はねをたたんで持つ。

トンボとりで得られるもの

みなさんは、昆虫採集は虫の命をうばうので残酷だとか、虫をとることは自然破壊だという声をきいたことはありませんか。しかし、トンボをすきになる第一歩は、トンボとりではないでしょうか。

トンボをとるには、トンボが近づくまで待ちつづける強い「忍耐力」が必要です。ひとときもトンボから目をはなさない「集中力」、網をふるタイミングを失わない「決断力」が求められます。やっとのことでつかまえたときの喜びと自信。手にとったトンボから伝わる躍動感。

しかし、死んで動かなくなってしまったときの命の実感。トンボの命と引きかえにみなさんが得るものは、とても大きいはずです。トンボは、みなさんがつかまえなくても、ほかの生き物につかまって命を落とします。みなさんがつかまえたくらいで、絶滅することはありません。

トンボとりのコツ

トンボはとても敏感で、人が近づくとすぐに飛んでにげてしまいます。しかし、遠くへ飛びさること

補虫網を使ったトンボのとり方

太い枝や棒に止まっているときは、それにひっかかりがちだが、勢いよく横から網をふる。

地面に止まっているトンボは上から網をかぶせる。

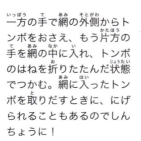

一方の手で網の外側からトンボをおさえ、もう片方の手を網の中に入れ、トンボのはねを折りたたんだ状態でつかむ。網に入ったトンボを取りだすときに、にげられることもあるのでしんちょうに！

しっぽや頭をつかむと、かみつかれて、いたいおもいをするので、注意が必要。

なく、またもとの場所に飛んできて止まります。ですから、再び止まるのを待ち、止まったら気づかれないように、ゆっくりと近づいていくのです。1ぴきに的をしぼって、根気よく追いかけましょう。網が届く距離まで近づけたら、トンボめがけておもいっきり網をふります。

地面に止まっているトンボの場合には、上から網をかぶせます。草の上や"さお"の先などに止まっているときは横から勢いよくふり、網を地面にふせます。ヤンマのようにめったに止まらないトンボは、飛んでいるところを、近づいた瞬間にすばやく網をふってつかまえます。とれたときは、カサカサという、はねがすれる音がきこえるはずです。

テーマをきめて調べよう

トンボにかぎらず、なにかを調べるときはテーマをしぼると、興味がましてきます。たとえば自分のすむまちにいるトンボの種類を調べ、トンボマップをつくる、そのすべてを標本にする、写真に撮って手づくりの写真集をつくるなどです。

また、博物館に行って係の人にテーマの相談をして、疑問などに答えてもらうとよいでしょう。博物館や自然系のNPO（民間の非営利団体）が、トンボ観察会や標本づくりの講習会を開くこともあります。そうした場所でトンボ仲間に出会うと、ますますトンボとのつきあいが楽しくなるはずです。

●もっと知りたい● 標本として保存する方法

つかまえたトンボ（成虫）を標本にするには、特別な道具はいりません。トンボが死んだら紙に包んでしまっておけばよいのです。紙は中身が見えるパラフィン紙を使うことが多いのですが、ノートやコピー用紙でもかまいません。長四角の紙を三角に折ってトンボを包みます。トンボを包んだ紙に、採集場所と採集日、採集者名をわすれずに書いておきます。

標本にすると生きていたときの美しい色は消えてしまいます。なるべく色をのこすには、プラスチックなどの密閉容器に乾燥剤（シリカゲル）を満たし、その中にトンボを包んだ紙をうめ、冷蔵庫に入れるとよいでしょう。標本は防虫剤（洋服ダンスなどで使うパラジクロロベンゼン）を入れた密閉容器に保存します。

▲標本箱に整理されたトンボの標本。

トンボの標本のつくり方

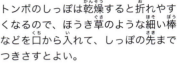
はねを広げたまま包むと、展示したとき見栄えがよくなる。

トンボのしっぽは乾燥すると折れやすくなるので、ほうき草のような細い棒などを口から入れて、しっぽの先までつきさすとよい。

三角紙の折り方

三角紙には採集をしたときの記録をわすれないように。

コラム

トンボの季節

　トンボは種類によって発生する時期がことなり、大きく三つのグループに分かれます。春に羽化して初夏には姿を消してしまうグループ、初夏に羽化して夏の終わるころにはいなくなってしまうグループ、春か初夏に羽化して秋まで見られるグループです。例外としてオツネントンボ、ホソミオツネントンボ、ホソミイトトンボの3種は成虫で越冬します。

　一年で、いちばんたくさんの種類が見られる季節は初夏です。初夏は春に羽化した種類がまだ生きのこっており、初夏に羽化する種類と重なるためです。トンボ愛好家にとって、いちばんいろいろな種類のトンボと出会えるベストシーズンなのです。しかし、この季節はちょうど梅雨の時期にあたり、雨ででかけられず、くやしいおもいをすることも多いのです。

　トンボは俳句によくよまれ、与謝蕪村（1716～1783年）、小林一茶（1763～1827年）、松尾芭蕉（1644～1694年）など有名な俳人にもトンボの句があります。トンボの俳句でいちばん知られているのは、加賀千代女（1703～1775年）がつくったとされている「とんぼつり今日はどこまで行ったやら」でしょう。この句は幼くしてなくなったわが子をなつかしんでよんだとのことです（ただし、伝説ともいわれている）。

　ところで、俳句には季節をあらわす単語（季語）を入れることになっていますが、トンボは秋を示す季語です。旧暦では7～9月を秋としていたからです。トンボは5～6月にも見られますが、9月に大集団となるアキアカネなどの赤トンボがめだったため、秋の季語になったのでしょう。

　秋といえば、トンボの古いよび名は「秋津」といいます。こちらも秋にちなんでいます。昔の人は、実りの秋にたくさん見られる赤トンボに深い愛着を持ち、トンボというと秋を連想したのかもしれません。

▲秋の田んぼにやってきたアキアカネ。

▲成虫で越冬するホソミオツネントンボは、春になると水辺にやってきて、交尾・産卵をする。

◀おつながり飛行をするヒメアカネ

▶サラサヤンマ

▼交尾するクロスジギンヤンマ

第2章 トンボと自然環境
―むらのトンボを調べよう

第2章 トンボと自然環境――むらのトンボを調べよう

むらの環境とトンボ

都会から電車で1～2時間もゆられると、田んぼや畑、林にかこまれたむら※に着きます。むらには都会では見ることのできないトンボがいます。むらはトンボにとってどんな環境なのでしょう。

まちにはないむらの環境

むらにはお米や野菜、果物などの作物を育てる田んぼや畑、果樹園があります。また、木材となるスギやヒノキを植えた森や林、ドングリなどの実がなり、紅葉が美しい雑木林もあります。そして、田んぼや畑に必要な水を得るための池や用水路、林や森の中を流れる谷川をはじめ、大小さまざまな川があります。むらの環境は、こうした緑と水がセットになっています。

むらにある水辺

トンボの幼虫のヤゴは、流れのある水にくらす"流水性の種"と、流れのない水にくらす"止水性の種"に分かれます。まちにはヤゴがすめるような川がほとんどないので、まちのトンボは、おもに止水性のトンボです。止水には、田んぼ、湿地、ため池、湖沼、ダム湖、水たまりなどがあります。いっぽう、流水には、またいでわたれるような細い流れから、幅が数十メートルもある大きな川まであります。さらに、川やため池から田んぼに水を引く用水路や、田んぼであまった水を流す排水路など、人がつくった流れもあります。

トンボは種類によってこのむ水辺環境がことなるので、いろいろな水辺があるむらではトンボの種類も多くなります。そのうえ、むらには成虫のえさとなる生き物が豊富で、休息場所の畑、草原、林、森もあるため、トンボがくらすには適した環境なのです。

田んぼがつくりだすむらの水辺

田んぼにもいろいろあります。平坦な地域では見わたすかぎり広がる田んぼがあります。起伏のある丘陵地では"谷津田（谷地田、谷戸田）"とよばれる、林と林の間の谷状の土地につくられた田んぼがあります。山の斜面にあるのは"棚田"といって、階段状に小さく区切った田んぼです。

川の水を田んぼに引くことのできない丘陵地や雨の少ない地方は、田んぼの上のほうにため池がつくられ

▼多くのむらは山や丘陵にかこまれた中に、田んぼや畑、人家がある。

むらの景観とトンボの生息場所

上流のダム湖　山　ため池（止水性のトンボ）
谷川（流水性のトンボ）　棚田（止水性のトンボ）
雑木林（落葉広葉樹）
ため池（止水性のトンボ）　用水路（流水性のトンボとゆるやかな流れでは止水性のトンボ）
屋敷林など　農家　田んぼ（止水性のトンボ）

※本書では埼玉県西部のむらをモデルにしている。したがって紹介するむらのトンボの出現時期などの生態はこの地域のもの。

▲このような丘陵地を流れる川にはトンボが多い。

▲大きな川の川原にできた水たまり。トンボの生息地になっている。

▲むらには人間がつくったため池が多い。

ています。また、田んぼに必要な水を、ため池や川から引くための用水路も、たくさんつくられています。

田んぼのおかげで、むらには人の手によってたくさんの水辺が生まれました。トンボはそうした水辺を利用してくらしているのです。

▶林にかこまれた山あいの田んぼにはトンボが多い。

田んぼをとりまく環境がトンボを豊かに

人間がつくりだした田んぼは、もともと湿地や一時的な水たまりにすんでいたトンボたちの移住地になりました。田んぼができたおかげで、むらのトンボは豊かになり、人びとの目にトンボがふれる機会がふえたのです。人びとはイネの害虫や人をさすカを次つぎと食べてくれるトンボの姿を見て、トンボに好意をよせたことでしょう。

日本人は世界でもまれなトンボずきの民族だといわれています。古代に使われた銅鐸や武士が使ったカブトには、トンボがデザインされたものがあり、いまでもトンボ柄の"ゆかた"をはじめ、トンボのグッズがたくさんあります。

田んぼとトンボの関係

田んぼへの移住に成功したトンボは、今日まで繁栄してきました。しかし、現在は田んぼの変化とともに数をへらしています。どうしてでしょう。

▶アシが生えた沼地を田んぼにしたことで、アオヤンマは"すみか"を失っていったであろう。

田んぼのはじまりとトンボ

いまから2400年ほど前に日本にイネ（水稲）が伝えられ、日本中に田んぼが広がっていったことで、トンボにはどんな影響があったのでしょうか。

最初は川がはんらんしてできた湿地や、丘陵地帯の谷（谷地、谷津、谷戸）のじめじめした場所を田んぼにしたと考えられています。土木技術が発達するにつれ、かわいた場所にも水を引き、海ぞいの沼地を排水できるようになり、さまざまな場所が水田にされていきました。もとからあった湿地や沼地は、田んぼにされてへりましたが、田んぼができたことで、田んぼのほかに、用水路やため池などの新たな水辺もできました。

新たな水辺に移りすむことができたトンボは、すみかがふえて繁栄しました。半面、移りすむことのできないトンボは、すみかを失ってへってしまいました。シオヤトンボやシオカラトンボ、カトリヤンマ、アキアカネ、ノシメトンボなどは繁栄したトン

◀いっせいに羽化したアキアカネ。アキアカネは田んぼができたことで繁栄した代表的なトンボ。

ボの代表です。これに対して、アシ（ヨシ）やガマがしげる沼地がすきなアオヤンマやネアカヨシヤンマ、ベッコウトンボなどは、すみかを失ったトンボの代表といえます。

昔の田んぼの環境

田んぼはミジンコなど、ヤゴのえさとなる生物が豊富です。そのいっぽう、水深が浅いのでヤゴの大敵の大きな魚はいません。とくに昔の田んぼは、イネを植えていない時期もじめじめした湿地的な環境だったので、湿地や浅い水辺をこのむさまざまなトンボのすみかとなりました。

しかし、こうした田んぼは、生き物は豊富ですが、ぬかるんでいるので作業がたいへんです。とくに機械でイネづくりをするようになってからは、機械作業ができるように、水のない時期はカラカラにかわいた田んぼに改良されてきました。

田んぼの環境変化とトンボ

現代の田んぼは農作業のために改良され、水のない時期はかわいた状態になり、はげしく環境が変化します。春になると田んぼに水を入れて田植えをします。田植え前後の田んぼは浅い池のような環境で、イネが小さいうちは湿地のようです。イネが成長すると、水面が見えなくなって草原のような環境に変化します。さらにイネの収穫前は水をぬくので、収穫後は土がむきだしの状態です。

このように、季節によって田んぼの環境は大きく変化し、ヤゴが生きるのに必要な水は、田植え前後から収穫前までの約4か月間しかありません。ヤゴに悪影響をあたえる農薬もたくさん使われます。さらに大型機械を使うようになり、ヤゴや卵が機械でおしつぶされることもあるでしょう。

いっぽう、技術の進歩で収量があがったのに、日本人の食べるお米の量がへり、お米があまるという問題もでてきました。そのため、米づくりをへらす減反政策※が長年つづけられ、田んぼの面積が大きくへってしまいました。田んぼを開発する前にあった湿地はすでになく、田んぼに移りすむことに成功したトンボたちは、いま危機をむかえているのです。

▲田植え前のかわいた田んぼ。

▲イネの成長に応じて湿地から草原のように変化していく田んぼ。

▲最近は広い田んぼでは大型の機械が使われる。稲かり後の田んぼはかわいた大地になってしまう。

※田んぼにイネを植えるのを制限し、ほかの作物を植えることをすすめる国の制度で、1969年からはじまった。

第2章 トンボと自然環境——むらのトンボを調べよう

田んぼを利用するトンボ

現在の田んぼは、春から夏にかけてできた、一時的な水たまりのようなものです。どんなトンボが、どのように田んぼを利用しているのでしょう。

▲カトリヤンマも田んぼに進出することに成功したトンボだが、最近は全国的に急にへっている。

幼虫で越冬できない種類

昔の田んぼとちがって、かわきやすく改良された現代の田んぼは、春から夏までの4か月ほどしか水がありません。この間にヤゴの成長を終わらせることが、田んぼで繁殖するための条件です。

シオヤトンボやモートンイトトンボなどは、春から初夏に産卵してヤゴで越冬する湿地性の種類です。これらのトンボは、冬でもじめじめしていた昔の田んぼでは冬越しができました。しかし、現在の乾燥した田んぼでは冬越しができず、すっかり数をへらしています。

現在の田んぼでくらせるトンボ

現在の田んぼで繁殖するトンボには、四つのグループがあります。

一つは秋に田んぼに卵を産み、卵で越冬、翌春にふ化したヤゴが初夏に羽化するグループです。ヤゴとちがい、卵なら乾燥にある程度たえられるからで

▼ミヤマアカネの群れ。アキアカネと同様、田んぼに進出することに成功した赤トンボ。卵で冬をこすが、最近は全国の田んぼで激減している。

▲ヤゴで越冬するモートンイトトンボは、最近、冬に用水路や田んぼに水がなくなってからは、見ることが少なくなった。

▶泥の中にかくれている越冬中のシオヤトンボのヤゴ。

▲シオヤトンボ。冬越しはヤゴで、田んぼわきの用水路やしめった場所でおこなうが、近年、数をへらしている。

す。このグループはアキアカネ、ナツアカネ、ミヤマアカネ、ノシメトンボなどの赤トンボ類とカトリヤンマで、田んぼで繁殖をくりかえします。

二つ目のグループは、春の田んぼに飛んできて産卵し、その卵からふ化した幼虫が初夏に田んぼで羽化する種類です。アジアイトトンボ、シオカラトンボ、オオシオカラトンボ、ショウジョウトンボ、ギンヤンマなどが代表です。いずれも、そのあとためごいけなどで産卵、ふ化したヤゴはそこで越冬します。

三つ目のグループは、成虫で越冬するオツネントンボ、ホソミオツネントンボ、ホソミイトトンボの3種です。このグループは成虫のまま、ヤブの中や樹木のすき間などで冬をこし、春になると成熟して、田んぼにやってきて交尾と産卵をおこないます。

四つ目のグループは、田んぼわきの水がのこる水路や湿った場所で、ヤゴで冬をこすシオヤトンボやモートンイトトンボです。最近はしめった場所のある田んぼが少ないので、へってきています。

▲越冬中のホソミオツネントンボは枯れ草色。

▶産卵中のホソミオツネントンボ（左）とオツネントンボ（右）。いずれも成虫で越冬して、春の田んぼで交尾・産卵する。ホソミオツネントンボは青い色に変わるが、オツネントンボは枯れ草色のまま。

第2章 トンボと自然環境——むらのトンボを調べよう

田んぼの減少とトンボへの影響

田んぼがへることによって、むらの水辺に変化がおきています。その変化はトンボにどのような影響をあたえているのでしょうか。

休耕田でふえるトンボ

お米をつくらない減反政策や、農家の高齢化でイネをつくらない田んぼがふえています。イネをつくらないのは一時的で、再びつくれるように管理している田んぼを休耕田といいます。イネをつくらなくなった田んぼには雑草が生えて、草地になってしまいます。除草剤をまいたり、耕うんしたりして雑草をふせいでいる休耕田もありますが、いずれも水がないので、トンボは姿を消してしまいます。

そのいっぽうで、雑草が生えるのをふせぐために、水を張って管理している休耕田もあります。そのような場所には、シオカラトンボ、ショウジョウトンボ、ギンヤンマ、ウスバキトンボなどがやってきて産卵し、夏から秋には新たなトンボが誕生します。同じ休耕田でも管理の仕方によっては、トンボのすみかになるのです。

耕作放棄田でふえるトンボ

イネをつくる予定がなく、何年も管理をしないで放置してある田んぼを耕作放棄田といいます。放置された田んぼは年数がたつと、草地から木がしげるヤブへと変化します。しかし、林に面して、つねに水がわくような田んぼでは湿地状の環境がつづき、サラサヤンマやヒメアカネ、ハッチョウトンボ、モートンイトトンボをはじめ、シオヤトンボ、オオシオカラトンボ、ハラビロトンボなど湿地性のトンボがふえてきます。

▲初期の耕作放棄田で一時的にふえるサラサヤンマ。

▲耕作放棄田も毎年草かりをすると湿地環境を保てる（手前）。草地やヤブになるまでの年数は、その土地の水分状況でことなる。

◀水を張って管理されている休耕田。いろいろなトンボがやってくる。

▲おつながり飛行で産卵するヒメアカネ。初期の耕作放棄田で一時的にふえる。

ところが、そのような耕作放棄田も、やがて乾燥した草地へと変化するので、湿地性のトンボは姿を消してしまいます。耕作放棄田は一時的なすみかを提供するにすぎないのです。

田んぼの減少と用水路とため池

田んぼを耕さなくなると、ため池や用水路の環境も変わってきます。イネを育てているときは、ため池や用水路にたまった泥をすくいとり、まわりの草や木の枝をかりはらいました。しかし、管理しなくなった用水路は、落ち葉で水の流れが止まり、産卵場所として適さなくなるばかりか、ヤゴが酸素不足におちいってしまいます。

ため池も管理せず放置すると、周辺の木がしげり、日が当たらなくなって岸辺の水草が消え、樹木で岸辺が見えなくなります。岸辺の水草や、岸辺の泥に産卵するトンボが卵を産めなくなるのです。さらに、田んぼをつくらなければ水はいらないので、ため池がうめたてられてしまうこともあります。うめたてはまぬがれても、ヤゴの大敵となるコイやブラックバスを放した釣り池となったりして、トンボがすめない池になってしまいます。

▶手入れされずにヤブで水面が見えない用水路。トンボがくらしていく環境にはふさわしくない。

▼ゴルフ練習場になってしまった池。水草がなくなっている。

アキアカネが激減！ そのわけは？

第2章 トンボと自然環境──むらのトンボを調べよう

日本中どこにでもたくさん見られたアキアカネ。そんなアキアカネが急にへっています。なぜでしょうか。

▲里の田んぼで交尾するアキアカネ。

◀田植え前の田んぼでふ化し、羽化が近づいたアキアカネのヤゴ。

アキアカネの一生

まず、アキアカネの一生について見ておきましょう。アキアカネは秋、田んぼに産卵します。卵で冬をこして、翌年の4月ごろからふ化がはじまります。ふ化したばかりのヤゴはミジンコなどの微生物を食べ、大きくなるとボウフラやイトミミズなども食べるようになります。成長したヤゴは6月中旬～7月上旬に羽化して成虫になり、すぐに山をめざして移動します。そして、標高1000m以上の高い山で夏をすごし、9月上旬になるといっせいに里に下り、交尾と産卵をおこなって一生を終えます。

へった理由、有力な農薬説

田んぼで育つアキアカネが急にへりだしたのは、10数年前からです。そのころから"箱施薬"といって、田んぼに農薬をまくのではなく、イネの苗を育てる箱に農薬をまく方法に変わりはじめました。農薬はイネに吸収され、田植えがおこなわれると農薬が田んぼ一面に広がるのです。広い田んぼに農薬をまく必要がなく、長期間、害虫に効果があるので、全国に広がりました。ところが、その農

アキアカネの一生

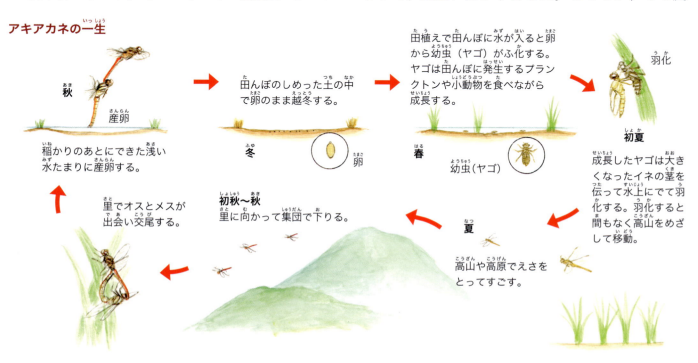

薬の中に、アキアカネに強い毒性を持つものがあることがわかったのです。このことから、アキアカネの減少は、この農薬が原因だとする説が有力となっています。

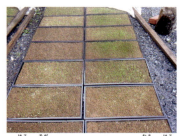
▲箱で育てられているイネの苗。箱施薬はこのような状態のときに農薬をふりかける。

無農薬の田んぼでも発生しない!?

わたしとその仲間は田んぼにアキアカネをよびもどすため、埼玉県内のアキアカネがたくさん産卵する田んぼで、農薬をいっさい使わないでイネを育てました。ところが、そこでもアキアカネはまったく羽化せず、ヤゴさえ発生しなかったのです。原因が農薬以外であることは確かです。

ほかの田んぼを調べた結果、5月上旬までに田植えをおこなった無農薬の田んぼでは、アキアカネが羽化することがわかりました。埼玉県では6月に田植えをおこなうのが一般的で、わたしたちの田植えも6月でした。試しにミニ田んぼをつくって4月に水を入れたところ、アキアカネが羽化しました。6月に水を入れたのでは、卵が乾燥にたえきれずに干からびてしまうようです。昔の田んぼは排水が悪く、田んぼはいつもしめっていたため、6月の田植えでも卵は干からびることなく、ふ化できたのだとおもいます。冬は乾燥した晴天がつづく太平洋側の地域では、6月の田植えが原因の一つだとわたしは考えました。

アキアカネの復活実験で推理

そこで、農家にお願いして、5月上旬から田んぼに水を入れ、農薬を使わないでイネを栽培してもらったのです。2か所の田んぼで実験したところ、1か所で2ひき羽化しただけで、もう1か所では1ぴきも羽化しませんでした。さらに別の無農薬の田んぼにアキアカネとナツアカネのヤゴをたくさん放したのですが、ヤゴは成長できずに死んでしまいました。いずれの田んぼもミジンコ類をはじめ、ボウフラ、イトミミズなどヤゴのえさとなる生き物がほとんど見つからなかったため、えさ不足が原因だと考えています。

以上のことから、埼玉県でアキアカネが減少した原因は「農薬の変化・乾田でのおそい田植え・えさ不足」と推理しています。さらに、自分の生まれた田んぼにもどらず、よその田んぼに産卵するというアキアカネの習性も影響しているのでしょう。その結果、アキアカネの育つ条件にない田んぼに、卵をむだに産みつづけることになるのです。

アキアカネのへった大きな四つの原因

田んぼの乾燥化
産卵用の水たまりができにくいだけでなく、ふ化時期に水がないと卵は死んでしまう。ヤゴは田んぼが干上がると生きていけない。

むだな産卵
ヤゴが育たないような田んぼに産卵をくりかえす。

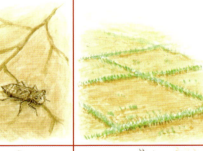

耕作しない田んぼの増加
せっかく産卵しても、田植えをしない田んぼには、水が入らないのでヤゴは生きていけない。

殺虫剤や除草剤の使用
卵やヤゴを殺してしまう。また、田んぼにまく化学肥料は、植物プランクトンの栄養にはならず、そのため植物プランクトンがへり、それを食べるミジンコもふえない。ヤゴが小さいときはえさにミジンコが欠かせない。

※アキアカネの急激な減少は、上の四つの原因が組み合わさったことによっておこっていると考えられる。

むらの流水でくらすトンボ

むらには丘陵地の林の中を流れる川、田んぼに水を引く用水路や小川、大きな川の中流など、さまざまな流れがあります。どんな川にどんなトンボがいるのでしょう。

▶用水路でなわばりを見張るニホンカワトンボ。

谷川で見られるトンボ

むらはずれに行くと、林にかこまれた谷川があるものです。春にはムカシトンボやダビドサナエ、ミヤマカワトンボ、ニホンカワトンボが、初夏には、オジロサナエやヒメサナエ、秋にはミルンヤンマなどが見られます。生きた化石として有名なムカシトンボは、ゴールデンウィーク前後のわずかな時期にしか見られません。渓流上を猛スピードで飛ぶうえ、めったに止まらないので、よほどなれないと見つからないトンボです。

トンボを見るために谷川へ行くなら、5～6月の晴れた午前中がおすすめです。こもれ日の当たる明るい場所に静止していることが多いので、そのような場所で腰かけてじっくり観察してみましょう。

小川や用水路で見かけるトンボ

用水路は田んぼに水を引くための人工の川です。田んぼの近くにあり、流れが弱く、川はばはあまり広くないのがふつうです。このような流れにすむ代表的なトンボは、オニヤンマ、ハグロトンボ、ニホンカワトンボ、ヤマサナエなどです。また、止水にすむシオカラトンボやミヤマアカネも見られます。しかし、最近の小川や用水路は、コンクリートで固められることが多く、トンボのすみづらい環境に変わっています。このため、ヤマサナエやオニヤンマはだいぶ少なくなってしまいました。

中河川や大河川の中流域のトンボ

むらにある川でトンボの種類が豊富なのは、丘陵地や台地を流れる中河川です。春にはダビドサナエ、アオサナエなどのサナエトンボの仲間が多く、はねが青光りして美しいアオハダトンボが

▲生きた化石とよばれるムカシトンボ。渓流にすむ日本固有種。

▲ダビドサナエは春の渓流で見かける代表的なトンボ。

▲ミルンヤンマは秋に渓流で見られ、朽木に産卵する。

▲用水路から大きな川まで、さまざまな流れにすむハグロトンボ。

▲ミヤマカワトンボは春から夏まで渓流で見られる大型のカワトンボ。

▶ヤマサナエは春に小川や用水路で見かける。

▶夏、丘陵地を流れる中河川にいるオナガサナエ。

見られることもあります。夏にはオナガサナエ、コオニヤンマ、ハグロトンボなどが飛びかいます。

夏に深い大きな川に行くと、ミヤマサナエや、運がよければ珍種のナゴヤサナエが見られます。夏はトンボの活動が活発になる夕方が、観察に向いています。サナエトンボの仲間は、流れからつきだした石の上や、岸辺の草などに止まっていて、ときどき水面すれすれをすばやく飛びます。このため、このような石や岸辺がサナエトンボ類を見つけるポイントです。

▲川原で休息するミヤマサナエ。秋に大きな川のよどみで見かける。

▲緑色の美しいアオサナエは5月に丘陵地の川で見られる。

▲サナエトンボの仲間ではいちばん大きなコオニヤンマも夏の中河川でよく見かける。

41

ため池でくらすトンボたち

ため池は農業用の水を確保するためにつくられた人工の池です。全国には20万か所ものため池があり、止水にすむトンボの"すみか"にもなっています。

ため池の環境とトンボ

　水を引くのがむずかしい地形や、雨が少ない地方では、イネの栽培に必要な水が不足します。そこで水を確保するため、昔からたくさんのため池がつくられてきました。
　ため池のつくり方は大きく二つに分けられます。一つは、山あいや丘陵地の谷戸に"せき"をきずいてつくられた池、もう一つは、平地のくぼ地のまわりに堤防をめぐらした池です。それぞれの池は、大きさや深さ、水草の有無、日あたりのよしあし、岸辺の状態などの環境がことなり、トンボの種類もちがいます。
　周囲を林でかこまれたうす暗いため池では、クロスジギンヤンマやオオヤマトンボなどが、明るいため池では、ギンヤンマやウチワヤンマをよく見かけます。トンボの種類が多いのは、水面にうかぶ水草や、藻が生えていて、岸辺が湿地状になっているため池です。そんな池ではヨツボシトンボやキイトトンボなどいろいろなトンボが見られます。

▲水草の豊富なため池をこのむヨツボシトンボ。

トンボにとって重要な水草

　水草の生えているため池には、たくさんの種類のトンボが見られます。その理由は水草に産卵するトンボが多いためです。
　水草は大きく沈水植物、浮葉植物、抽水植物の三つのグループに分けられます。沈水植物は水中に生えている藻の仲間で、イトトンボ類の多くがこれに

▲水草に産卵するマルタンヤンマ。

▲うす暗いため池をこのむオオヤマトンボ。

◀ 産卵中のアオヤンマ

▶ 羽化したてのアキアカネ

▼ 成熟したベッコウトンボ

第3章 旅をするトンボ
──移動のなぞをさぐろう

どんなトンボが移動するの？

トンボは飛ぶ能力が高い昆虫です。どんなトンボが、どのようなときに移動するのでしょう。

移動の種類

トンボの移動には大きく四つあります。まず羽化した場所から成熟するまですごす場所への移動です。二つ目は成熟したトンボが繁殖するための水辺への移動。三つ目は日中の活動場所と夜をすごす"ねぐら"との間の移動です。四つ目はそのほかの移動で、アキアカネの高山への移動や、ウスバキトンボの長距離移動などです。

（1）羽化場所からの移動

羽化したトンボはすぐに水辺からはなれて、草原や林などに移動し、そこでせっせとえさを食べて、成熟したからだになるまですごします。移動距離は種類によってことなり、ハグロトンボ、アオハダトンボなどカワトンボの仲間は短距離しか移動しませんが、サナエトンボ類やヤンマ類はかなり遠くまで移動するようです。

（2）繁殖場所への移動

成熟したトンボは、水辺にもどって交尾や産卵をします。その水辺は、羽化したときと同じ池や沼、川の場合もありますが、ちがう場合もあります。

（3）日中の活動場所とねぐらの移動

日中活動していたトンボは、夕方になるとねぐらに移動して一夜を明かします。ねむっているのかどうかはわかりませんが、草や木の枝にぶら下がって、じっとしています。ねぐらはきまっているわけではなく、毎日夕方になるとねぐらになりそうな場所をさがします。

▶夕方、ぶら下がって止まるのは、ねむりにつく体勢（アキアカネ）。

トンボはどこまで移動するか

移動距離を調べるにはトンボに印をつけて放し、そのトンボを再発見する方法がとられています。その結果、アキアカネが69km、ミヤマアカネが12km、シオカラトンボが6km、ショウジョウトンボが2.9km、アジアイトトンボが1.2kmなどの移動が確認さ

▲羽化場所からあまり移動しないアオハダトンボ。

▲移動を調べるためにはねに印がつけられたミヤマアカネ。

▲交尾中のシオカラトンボ。成熟したオス（上）は、メスと交尾するために昼間の大半を水辺ですごす。

れています。しかし、それらが最大移動距離かどうかはわかりません。陸地から遠くはなれた海上を飛んでいたアジアイトトンボがつかまった例もあります。繁殖場所を求めて移動する場合、よい場所が近くにあればそこで移動をやめるでしょうし、なければ何日もかけてさらに移動するでしょう。強風にのって遠方までふき飛ばされるかもしれません。種類によって移動能力はことなるでしょうが、どの種類のトンボも意外に遠くまで飛ぶようです。

▲夜のトンボはさわってもにげない（ウスバキトンボ）。

▲ノシメトンボは羽化場所からかなり遠くへ移動するようだ。

▲アジアイトトンボは海を移動することもある。

新天地開拓型とふるさと固執型

水辺の環境は年とともに変化し、すみにくくなることもあれば、すみやすくなることもあります。それに対し、トンボはどのように対応しているのでしょうか。

ビオトープ池にやってくるたくましいトンボ

　ビオトープ池をつくると、まっ先にくる新天地開拓型のトンボがいます。シオカラトンボ、オオシオカラトンボ、ショウジョウトンボ、クロスジギンヤンマです。これらに共通しているのは、比較的小さな池をこのみ、オスが"なわばり"を持つことです。小さな池ではえさが少なく、たくさんのヤゴが育つことができません。せまい池では、なわばりをつくれるオスもわずかで、なわばりをつくれないオスはほかの池をさがすしかありません。このため、トンボたちは新天地をめざして飛びまわり、ビオトープ池をまっ先に見つけるのでしょう。

▶水辺の近くで交尾中のクロスジギンヤンマ。ビオトープ池などによくくる。

絶滅危惧種ベッコウトンボの場合

　最近は絶滅が目前にせまっているトンボがたくさんいます。とくにあぶないのはベッコウトンボです。このトンボは、アシなどが生える古くからある沼や池にすんでいますが、環境が悪化しても遠くへ移動して別の沼をさがす習性がないようです。

▲日差しが強いと、逆立ちして日射量をへらすショウジョウトンボ。ビオトープ池などによくくる。

◀田んぼの棒に止まるオオシオカラトンボ。羽化場所とちがった水辺で繁殖することが多いようだ。

静岡県の"桶ケ谷沼"は本州最大のベッコウトンボの多産地でしたが、沼の環境が悪化して絶滅寸前までにへってしまいました。そこで地元の人たちが、沼の近くに水を入れたケースをならべ、ヤゴを飼育して絶滅をふせごうとしました。ところが、ケースで羽化したトンボは、沼へは行かずケースにもどってきて産卵し、毎年ケースで繁殖をくりかえすそうです。よほど羽化場所にもどる習性が強いのでしょう。あるいは、沼へもどりたくても沼の環境が改善されていないので、仕方なくケースにもどってきたのかもしれません。

▲ベッコウトンボの成熟したオス。

移動しないことが裏目に

沼の環境に変化がなければ、羽化場所にもどって繁殖したほうが、確実に子孫をのこせます。しかし、環境変化のはげしい今日、羽化場所にもどる習性がベッコウトンボの危機をまねいたといえるでしょう。ベッコウトンボが産卵をおこなうのは、アシがまばらに生える水面です。もし、沼全体がアシでおおわれたら、産卵場所がなくなってしまいます。産卵場所があっても、ヤゴが成育できないような環境になったら羽化できません。遠くの沼へ移動しないベッコウトンボは、その場所で死に絶えるしかないのです。昔は近くに繁殖できる沼がいくつもあったので、移動性の小さなベッコウトンボでも、近くの沼に移って生きのこってきたと考えられます。

生息に適した沼がぽつんと一つしかのこっていない現在では、自力でベッコウトンボが生きのこるのはとてもむずかしいとおもわれます。

▲ベッコウトンボを飼育していたケース。このケースにもどってきて産卵した。

▶ベッコウトンボはアシなどが生えた平地の沼でないとすめない。かつてベッコウトンボが多産した桶ケ谷沼は、アメリカザリガニの大繁殖や水質の悪化で激減した。

まちやむらの中の移動

トンボは自分のすむまちやむらの中を移動しながらくらしています。いったいどのような移動をしているのでしょう。

▶ギンヤンマはヤゴで冬をこす。

ため池から田んぼへの移動

　冬の間はカラカラにかわいている田んぼでは、シオカラトンボやギンヤンマなど、ヤゴで冬をこすトンボは生きられません。ため池で冬をこし、春に羽化すると田植え間もない田んぼにやってきて産卵するのです。その卵からすぐにヤゴが誕生し、約3か月後の8月ごろに田んぼから羽化して飛びたちます。そのころの田んぼはイネがしげっていて水面が見えないため、産卵には適しません。ですから、今度はため池に飛んでいって産卵するのです。このように、ため池と田んぼを交ごに利用して命をつないでいます。

池から池へ移動するトンボ

　池から池へと移動するトンボもいます。いままですんでいた池の環境が悪くなると、環境のよい池に移動するのです。トンボの移動距離は種類によってことなりますが、どのトンボも1kmくらいは移動できるようです。1km間かくくらいに池があれば、トンボは池を移動しながら、生きのこることができます。昔は、むらにはおよそ1kmおきにため池がつくられていたようで、それらを利用できたトンボはくらしやすかったのでしょう。

幼虫の川下り、成虫の川上り

　川にすむヤゴは川底や石の下にもぐったり、水草につかまったりしてくらします。これは天敵から身をかくすほかに、下流に流されることをふせぐ目的もあるのでしょう。

▲ヒメサナエは、このような川の最上流部で産卵する。

▶ヒメサナエがたくさん羽化するのは、産卵場所から下ったこのような川辺。

▲川の最上流部で交尾相手を待つ成熟したヒメサナエのオス。

▲ヒメサナエと同じようなくらしをするオジロサナエ。

▲オジロサナエのヤゴ。

　ところが、ヒメサナエのヤゴは流れを利用して中・下流に移動しながらくらします。羽化後、成熟した成虫は、川の最上流部の林にかこまれた小さな流れにもどってきて、交尾と産卵をおこないます。しかし、産卵場所ではヤゴも羽化もまったく見られず、24kmほど下った川でたくさん羽化し、ときには43kmも下流で羽化するものもいます。羽化した成虫はすぐに飛びさり、産卵場所の最上流部へもどります。つまり、ヒメサナエはむらの中で川の上流と中・下流を移動しながらくらしているのです。

　オジロサナエも同じようにむらの中で上流と中・下流を移動してくらすトンボです。

むらの中でのトンボの移動

A：春にため池で羽化したトンボが、田植えで水の入った田んぼに移動、そこで産卵。
B：ふ化したヤゴは田んぼに水がある間に成長。夏、田んぼで羽化したトンボはため池に移動して産卵。ヤゴで越冬する。
C：ため池からため池に移動するトンボもいる。
D：上流で産卵してふ化したヤゴが川を下っていき、中・下流で羽化。羽化したトンボは上流にもどって、そこで産卵する。

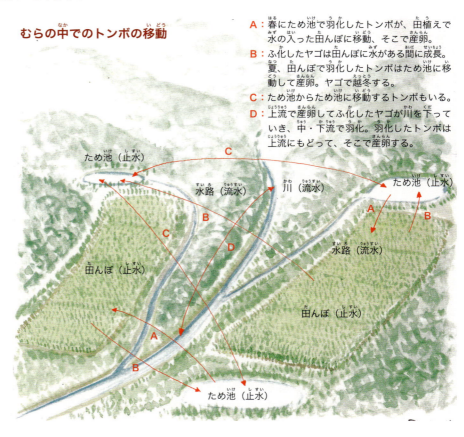

51

むらとまちとの移動

むらとまちとを移動するトンボもいます。
どんなトンボでしょう。

第3章 旅をするトンボ——移動のなぞをさぐろう

東京の下町にできたトンボの楽園

いまから40年ほど前のことです。東京都荒川区内の広大な工場跡地に雨水がたまって池ができ、そこにたくさんのトンボがやってきました。1986年～1992年に確認されたトンボは、31種に達しました。おびただしい数のギンヤンマをはじめ、南方にすむオオギンヤンマやハネビロトンボ、絶滅が心配なオオキトンボまでやってきたのです。原っぱに水面が広がり、トンボが群れ飛ぶ光景は昔の東京の原風景のようでした。このことは、ビルが建ちならぶ都会の中でも、環境さえ整えば、多くのトンボが移動してきてすみつくことの証明になります。

▲工場跡地は一時期ギンヤンマの楽園だった。

オオキトンボがやってきたルート

▲工場跡地の周辺は家が密集している。

▲工場跡地には広大な原っぱと水たまりができた。

▶工場跡地にやってきた絶滅危惧種のオオキトンボ。

▲ナゴヤサナエが産卵する大河川の中流（荒川）。

▶ナゴヤサナエは河口付近で羽化する。

まちとむらをつなぐ川

　では、いったいどこからトンボはやってきたのでしょう。オオキトンボは大きな川の河川敷にある池をこのみます。この工場跡地は荒川から500mほどしかはなれておらず、荒川の上流でオオキトンボが見つかったことがあります。このことから、オオキトンボは荒川を下って移動してきたと考えられます。荒川の河川敷にはところどころ水たまりがあり、上流の水たまりにすむトンボと工場跡地で記録された種類とが一致していることも、川づたいに成虫が移動してきたことを示すものです。

　荒川にも見られるナゴヤサナエのヤゴは、大きな川の深い底にすんでおり、羽化は海に近い河口近くでおこないます。ところが、産卵するのは河口から遠くはなれたむらの中・上流なのです。

　このように、都会を流れる大河川は、まちとむらをつなぐルートになっているのでしょう。

海からまちへの移動

　工場跡地で見つかったオオギンヤンマとハネビロトンボは、近隣ではくらしていない南方系のトンボです。海をわたってやってきたと考えられます。また、海の近くに新たにできた公園には、内陸地域でくらしていないようなトンボもきます。これらのトンボは、海ぞいにある池や沼から海岸線にそって移動してきたのだとおもわれます。海岸は風が強く、風にのれば、トンボは能力以上に遠くまで移動できます。内陸のむらと沿岸のまちとの移動だけではなく、沿岸のむらと沿岸のまちとの相ごの移動もあるでしょう。

　トンボは上空を飛びながら、眼下に見える川や海岸線、高速道路、鉄道線路を目印に移動しているのかもしれません。

▲南方から海をわたって工場跡地にやってきたオオギンヤンマ。

▲南方から海をわたってやってきたハネビロトンボ。

第3章 旅をするトンボ——移動のなぞをさぐろう

移動を助けるトンボ池づくり

田んぼやため池がへるなど、トンボの生息場所が年ねん少なくなっています。繁殖する水辺がなければトンボは生きのこれません。トンボ池をつくってトンボを助けましょう。

トンボ池の配置

　トンボが移動できる範囲内にたくさんの池があれば、トンボはその中から自分の気に入った池をえらぶことができます。かりにどのトンボも1kmほど移動できるとすると、1kmごとに池があればよいでしょう。むらではわざわざトンボ池をつくらなくても、耕作放棄田や休耕田に水を張れば、一時的であってもトンボの繁殖場所となります。市民の手で耕作放棄田を利用したトンボ公園もつくられています。都会では空き地が少なく、1km間かくでトンボ池をつくることはむずかしいですが、学校やビルの屋上、工場の敷地内などを利用すれば、1km間かくも実現できるのではないでしょうか。

▲市民が耕作放棄田でおこなっているトンボをよぶ池ほり作業。

▼市民が耕作放棄田につくったトンボ公園（埼玉県寄居町）。

多様なトンボ池づくり

　最近はトンボ池をビオトープ池とよぶことが多く、つくり方の本も多数出版されています。しかし、紹介されているビオトープ池はみんな同じようで、多様性に欠けるように見えます。トンボは種類によってこのむ環境がちがうので、池もいろいろなものが必要です。一年中水がある池だけでなく、冬は干あがってしまうような池、水草を植えない池、水をためたプラスチック容器をおいただけのものなどです。小さな池ではオオヤマトンボやウチワヤンマなどの大きな池にすむトンボの役に立ちませんが、小さな水辺でもめざとく見つけ、すみつく種類は少なくありません。

▲ビルの谷間にできたトンボ池（東京池袋）。

トンボ池づくりで注意すること

　ビオトープづくりの基本は「ほかの地域にすむ動植物を人間が持ちこまない」ということです。しかし、本には多様な環境を用意するために、浮葉植物や沈水植物などさまざまな水草を植えるように書いてあります。そのため、遠方の池に生えている水草を持ちこむことが少なくありません。最近、その地域に分布していないトンボが突然発生することがありますが、水草とともに卵やヤゴが、ビオトープ池に持ちこまれた可能性が高いと考えられます。トンボを保護するつもりが、その地域の生態系をみだすことにもなりかねません。

　もう一つ考えなければならないのは、トンボ池にはボウフラなどの不快な昆虫も発生することです。ヤゴがすみ着けばボウフラを食べるので大量に力が発生することはないでしょうが、ヤゴ以上に多くのボウフラがいなければヤゴは成育できません。いやな虫もがまんするという心構えを持つことが必要です。

　池をつくるとしだいに雑草がふえてきたり、泥や落ち葉がたまったり、池が浅くなるなど、環境が変化します。それにともない、トンボの種類数もへってきます。ですから草かりやたまった泥をすくいだすなどの管理をしなくてはなりません。池をつくりなおす必要もでてくるでしょう。こうした管理のことを頭に入れておかねばなりません。

▲トンボ公園にやってきたトンボにさわろうとする子ども。

海をわたるウスバキトンボの片道移動

第3章 旅をするトンボ──移動のなぞをさぐろう

ウスバキトンボは、東南アジアの熱帯〜亜熱帯方面から日本にやってくると考えられますが、冬の寒さで死に絶えてしまいます。どうやって、なんのために遠くからくるのでしょう。

ウスバキトンボの特徴と一生

ウスバキトンボは、世界中の熱帯から温帯にかけて見られるトンボです。日本でもいちばんふつうに見られるトンボで、まちからむら、高山にいたるまで、あらゆる場所で目にします。全体がオレンジ色で後ろばねが大きく、グライダーのように羽ばたかずに飛ぶことができます。漢字で書くと「薄羽黄トンボ」です。田んぼ、水泳プール、噴水池など人工的な水辺で繁殖するのも特徴です。

ウスバキトンボは、卵から成虫になるまで1か月しかかからず、世界一成長の早いトンボです。ウスバキトンボが日本で見られるのは、九州南部では4月ごろからですが、大半の地域では6〜7月の梅雨時です。夏には日本中でたくさん群れ飛びますが、寒くなる11月までには、死に絶えてしまいます。

これまでは、日本にやってきたウスバキトンボは、何世代もくりかえしながら北上し、全国に広がると考えられてきました。ところが、日本各地に初飛来する時期や、羽化時期などを調べたところ、一世代くらいで、一気に北上する可能性もでてきました。世代数については、今後さらに調べる必要がありそうです。

▲ウスバキトンボが産卵にやってくる公園の噴水池。

▶ウスバキトンボのヤゴ。1か月で成長を終える。

どこから、どうやって日本へ？

ウスバキトンボは寒い場所では生きのびられません。沖縄は冬でも温暖ですが、石垣島や南大東島で少数が越冬している程度です。したがって、もっと暖かな熱帯地域からやってくると考えられます。ウスバキトンボは水田で大量に羽化するので、南アジアや東南アジアの水田地帯がふるさとの可能性が高いでしょう。

▲羽化したてのウスバキトンボ。後ろばねが大きいのが特徴。

▲大集団で移動するウスバキトンボ。

▶水辺でホバリングしてメスをさがす、成熟したウスバキトンボのオス。

▼木の枝でならんで休むウスバキトンボ。

　イネの害虫のウンカ類も、東南アジアや中国南部の水田地帯から日本にやってくるそうです。これらの地域から九州南部までの直線距離は、2000〜2700kmもあります。しかし、梅雨時に上空にふくジェット気流にのってくれば、2〜3日で到達が可能です。風にのるといっても、2〜3日も飛びつづけると、つかれて海に落下しないのか、移動中にえさがあるのか、なぜ危険をおかしてまで日本へくるのか、次つぎと疑問がわいてきます。

なぜ日本にやってくるのか？

　ウスバキトンボのふるさとの熱帯では、スコールなどでたくさんの水たまりができます。そうした一時的な水たまりにウスバキトンボは産卵し、ヤゴは短期間で成長して水たまりが干あがる前に羽化します。熱帯には雨季と乾季があり、乾季になると産卵する水たまりがなくなります。休眠して乾季をのりきる方法もありますが、ウスバキトンボは休眠しません。そのため、雨季がくるまで世代をくりかえして命をつなぐしかないのです。

　ウスバキトンボは、水たまりを求めて世界中に散らばり、その子孫の一部が雨季をむかえたふるさとにもどると考えられます。だとすると、日本にやってくるのは、熱帯にもどれないコースをたどる運の悪い連中ということになります。ウスバキトンボの大旅行は、乾季という悪環境からの避難が目的という見方ができます。ところが、日本にたくさんやってくる梅雨時は、東南アジアでも雨季なので、なにもこの時期にやってくる必要はないでしょう。なぞは深まるばかりです。

▲長旅ではねがボロボロになった成熟したウスバキトンボ。

第3章 旅をするトンボ——移動のなぞをさぐろう

里と山を往復するアキアカネの長距離移動

アキアカネには里で羽化して高山へ移動し、再び里へもどるめずらしい習性があります。その移動には、多くのなぞがのこされています。どんななぞなのでしょう。

▶田んぼで羽化したアキアカネ、これから山へ旅立つ。

アキアカネの移動

　アキアカネは6月中旬〜7月上旬に平地の田んぼなどで羽化し、すぐに標高1000m以上の高山へ移動して、成熟するまでそこですごします。9月上旬、成熟して次つぎに山から里に下りてきます。

　ふつうトンボは羽化すると、羽化場所からはなれた林や草原で未熟期をすごします。アキアカネも同じです。ちがうのはほかのトンボは水平方向に移動するのに、アキアカネは垂直方向に移動することです。世界には6000種近くのトンボがいますが、平地から高山への往復移動が確認されているのは、アキアカネだけのようです。

なぜ山に移動するのか？

　では、なぜアキアカネだけが羽化場所から遠い山へ移動するのでしょう。現在の定説は、"避暑のため"というものです。アキアカネは夏の暑さが苦手で、平地では暑すぎて活動できず、すずしい高山で夏をやりすごすというのです。

　しかし、この説は疑問です。暑さが苦手なほかの赤トンボの仲間は、木かげなどに移動して夏の暑さをしのいでいるからです。ごく少数ですが、夏に丘陵地にいるアキアカネも各地で見つかっています。さらに、アキアカネは気温が35℃をこすような、暑い時期にも羽化することがあります。高山へ移動しなくてはならないほど、暑さに弱いとはおもえません。高山は天気が急変して雷雨や強風がふくことも多く、けっしてすごしやすい場所とはいえません。長い距離の移動には危険も多いでしょう。危険をおかしてまで山へ移動しなければ

▲山への移動途中でブドウ棚用のワイヤーに止まって休むアキアカネ。

ならない、なにか重大な理由があるはずです。避暑説は証明されたわけではなく、なぜ山へ行くのか、じつはまだなぞなのです。

どのように移動しているのか

田んぼで羽化したアキアカネを観察していると、とつぜん垂直方向に急上昇して遠方に飛びさる行動が確認できます。上昇気流にのり、風の力を利用しながら高山にたどり着くのでしょう。山から下りてくるときは、下降気流にのってくるのだと考えられます。

各地でアキアカネの大集団が一定方向に移動するようすが、たびたび観察されています。埼玉県では、初夏の山への移動は東から西へ、秋の里への移動は西から東で、往復しているようです。秋の移動は2種類あります。一つは夕方に見られる1ぴきずつの移動、もう一つは、晴れた日の午前中におこなう、オスとメスがつながった状態での集団での移動です。

▲高原で夏をすごすアキアカネ。この間に成熟する。

また、秋にはアキアカネが、同じ方向にならんで電線に止まっているのをよく見かけますが、同じ電線でも時刻によって止まる向きが変化します。アキアカネがどうやって移動の方向を知るのか、まだわかっていませんが、時刻と天気が関係しているのかもしれません。

アキアカネはいつも移動している？

アキアカネの移動は、山と里との移動に目をうばわれがちです。しかし、山の上でもたくさんいる場所は、1日のうちでも変化するようにおもわれます。里に下りてきてからも、たえず移動してくらしているようです。里にいるアキアカネのはねに印をつけて放すと、マークしたトンボが見つからず、別のトンボと入れかわっているからです。アキアカネもウスバキトンボと同様、たえず移動しながら生活しているトンボのようです。

▲交尾後、おつながりで田んぼの水たまりに産卵するアキアカネ。
◀産卵後2〜3か月目のアキアカネの卵。長径約0.5mm。黒い眼ができて、ふ化直前の状態で冬をこす。

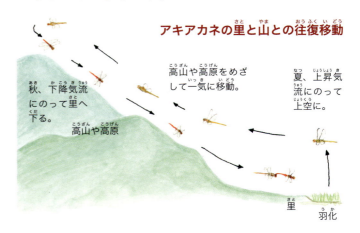
アキアカネの里と山との往復移動
秋、下降気流にのって里へ下る。
高山や高原をめざして一気に移動。
夏、上昇気流にのって上空に。
高山や高原
里
羽化

トンボの羽化の観察とヤゴすくい

野外で観察する方法

　トンボは夜中に羽化する種類が多いので、野外の自然状態で観察することはむずかしいものです。しかし、サナエトンボの仲間には午前中に羽化するものがいるので、野外で羽化を観察するチャンスがあります。観察に適した時期は地域によって多少ことなりますが、4月下旬～5月上旬と、5月下旬～6月上旬です。この時期に、午前9時ごろまでに小川や丘陵地を流れる中河川に着くようにしてください。岸にそって注意深く歩き、羽化しているトンボや、これから羽化しようとして上陸したヤゴをさがします。ぬけがらが見つかれば、観察できるチャンスが高い証拠です。

▶室内だとじっくり羽化のようすを観察できる。

室内で観察する方法

　トンボの羽化を最初からじっくり観察するのには、室内のほうが向いています。そのためには、野外で羽化しそうなヤゴをとってきて家で飼い、羽化の日を待ちます。ヤゴの採集によい季節は、4月の末～5月の半ばでしょう。羽化直前であれば、えさは必要ありません。羽化が近いヤゴは、翅芽（はねになる部分）に白い筋が入ったり、もりあがったりしています。また、眼もかがやいた感じです。

　ヤゴを家に持ち帰るときは、密閉容器にしめらせた草、またはぬらしたティッシュペーパーとともに1ぴきずつ入れます。家の飼育容器には砂や小石で岸辺をつくり、1日くみ置きした水を張り、そこに羽化のときにつかまるための草や棒などを立てます。川でとったヤゴは酸素不足に弱いので、エアポンプを使うとよいでしょう。

▲野外の川のそばで羽化中のコオニヤンマ。

ウスバキトンボの羽化

▲午後9時30分　　▲午後9時36分　　▲午後9時47分　　▲午後9時52分

※羽化の連続写真は2015年10月11日のもの。

一部のサナエトンボの仲間以外、羽化するのは夕刻から夜中です。羽化の当日かその前日あたりになると、ヤゴは水からからだをのりだし、じっとしていることが多いです。夜に羽化する場合、ヤゴが水から完全にでて草や棒につかまっていれば、電気をつけて明るくしてもだいじょうぶです。ただし、羽化中は絶対にトンボにさわってはいけません。

胸の中央がさけ、胸や頭がもりあがるようにでてくる羽化の瞬間を見のがさないように。はねやしっぽがのび、トンボらしくなるのに1〜3時間ほどかかります。

ヤゴすくいもおもしろい

26ページで成虫のとり方を紹介しましたが、ここではヤゴのとり方をお教えしましょう。ヤゴをとって育てれば、羽化する瞬間がじっくりと観察できます。ヤゴとりは、見つけてからつかまえる成虫とちがって、なにがとれるかわからない楽しさがあります。ただし、深い池や川での採集は危険なのでやめましょう。ヤゴは浅い場所をこのむものがほとんどなので、深いところに行く必要はありません。

採集用具には柄の短いタモ網か、ザルが便利です。

▲危険のない浅い川でのヤゴさがし。

▶橋脚にたくさんついたヤゴから羽化したときのぬけがら。

草がしげった岸辺で草の根元をすくうか、底の石や泥ごとすくうとヤゴがとれます。また、5〜6月には岸辺の草や石の上、橋脚などをさがすとヤゴのぬけがらが見つかります。ぬけがらはくさらないので、そのまま標本になります。水に入れてふやかし、あしを整えると、標本としての見栄えがよくなります。

▲午後10時15分　▲午後10時16分　▲午後10時26分　▲午後10時36分

『トンボをさがそう、観察しよう』さくいん

トンボを中心とした動植物

【ア】

アオイトトンボ……………… 7、10、13、21、23、24、43
アオサナエ …………25、40、41
アオハダトンボ ……25、40、46
アオヤンマ………………… 6、25、32、33、43、44、45
赤トンボ（類）…………… 10、23、28、34、35、44、58
アカネ属………………………44
アキアカネ ………… 3、7、9、12、15、16、17、19、20、25、28、32、34、35、38、39、44、45、46、58、59
アサザ……………………………43
アシ（ヨシ）……………………25、32、43、48、49
アジアイトトンボ……………… 8、9、11、25、35、46、47
アミメカゲロウ………………11
アメリカザリガニ ……… 43、49
イグサ（類）……………………43
イトトンボ（類）…… 7、8、10、18、23、24、25、42、43
イトミミズ …………… 38、39
イネ（水稲）…31、32、33、36、37、38、39、42、50、57
ウシガエル………………………43
ウシコッテ……………………44
ウスバキトンボ……………… 7、9、13、15、20、36、46、47、56、57、59、60
ウチワヤンマ … 8、9、42、55
ウンカ（類）…………………57
オークマ………………………44
オーサマトンボ………………44
オオアオイトトンボ …… 17、23
オオイトトンボ………… 8、9、21
オオキトンボ …………… 52、53
オオギンヤンマ ………… 52、53
オオシオカラトンボ……………… 7、8、13、17、35、36、48
オオツノトンボ………………11
オオヤマトンボ …… 8、42、55
オジロサナエ…20、40、44、51
オツネントンボ ………… 28、35
オナガサナエ…………………41
オニヤンマ …………… 10、12、13、20、21、25、40、44
オンドロ…………………………44

【カ】

カ ………………… 20、31、55
ガガンボ………………………21
カトリヤンマ………12、14、15、24、25、32、34、35、44
ガマ ………………25、33、43
カマキリ………………………21
カワトンボ（類）…………… 10、13、23、24、25、41、46
キイトトンボ ……… 7、10、42
ギンヤンマ………………… 5、6、7、8、9、20、23、24、25、35、36、42、44、50、52
クモ………………………………21
クロイトトンボ ………… 8、9
クロスジギンヤンマ……………… 7、17、29、42、44、48
グンバイトンボ………………17
コイ………………………………37
コオニヤンマ…16、17、41、60
コサナエ ……… 2、10、25、44
コシアキトンボ ……… 8、9、25
コノシメトンボ ………… 7、15
コフキトンボ ……………… 8

【サ】

サナエトンボ（類）……………10、24、40、41、46、60、61
サラサヤンマ……… 25、29、36
シオカラトンボ… 2、5、7、8、11、13、17、20、21、22、23、24、25、32、35、36、40、44、46、47、48、50

シオヤトンボ……………………… 8、32、34、35、36
ショウジョウトンボ……………… 5、7、8、35、36、46、48
ショーヤトンボ…………………44
スイレン…………………………43
スギ………………………………30
セキレイ…………………………21

【タ】

ダビドサナエ ………13、25、40
チョウトンボ ………………… 8
ツノトンボ………………………11
ツバメ……………………………21
ドロボー…………………………44

【ナ】

ナゴヤサナエ……… 41、44、53
ナツアカネ……………………… 2、9、11、15、25、35、39
ナニワトンボ…………………44
ニホンカワトンボ……………… 10、19、22、40
ネアカヨシヤンマ……………33
ネキトンボ……………………44
ノシメトンボ… 9、32、35、47

【ハ】

ハエ………………………………20
ハグロトンボ…………………… 18、22、25、40、41、46
ハッチョウトンボ……………36
ハネビロトンボ ………… 52、53
ハラビロトンボ………………… 11、18、19、36、44
ヒノキ……………………………30
ヒメアカネ……………………… 3、8、25、29、36、37、44
ヒメサナエ …………40、50、51
ブラックバス …………… 37、43
ベッコウトンボ………………… 33、45、48、49
ベニイトトンボ ………… 6、7

ヘビトンボ……………………………11
ホソミイトトンボ … 8、28、35
ホソミオツネントンボ………………
　　　　　　　…………… 8、28、35

【マ】
マコモ………………………………43
マゴタロウムシ……………………11
マルタンヤンマ……………………42
ミジンコ（類）…… 33、38、39
ミヤマアカネ………………………
　　　　16、34、35、40、44、46
ミヤマカワトンボ…………………
　　…… 3、18、19、25、40、41
ミヤマサナエ………………………41
ミルンヤンマ……… 24、25、40
ムカシトンボ……………… 20、40
ムカデ………………………………11
ムギワラトンボ……………………11
ムシヒキアブ………………………21
モートンイトトンボ…………… 3、
　　　　　　8、18、19、34、35、36
モノサシトンボ…………… 2、25

【ヤ・ラ】
ヤブヤンマ………………… 10、21
ヤマサナエ………………… 40、41
ヤンマ（類）……………………… 8、
　　　　10、12、23、24、27、46
ヨーマ………………………………44
ヨツボシトンボ…………… 19、42
リスアカネ…………………………44

そのほかの関連用語

【あ】
秋津…………………………………28
生きた化石…………………………40
羽化………………………………… 6、7、
　　　　11、20、21、28、35、39、
　　　　45、46、48、49、50、51、
　　　　53、56、58、59、60、61

越冬……………… 28、34、35、56
縁紋…………………………………14
おつながり…… 2、23、24、59

【か】
加賀千代女…………………………28
滑空…………………………………15
休耕田………………………… 36、54
減反政策……………………… 33、36
耕作放棄田…………… 36、37、54
交尾………………………………… 6、
　　　　9、11、14、15、18、20、
　　　　22、23、24、28、29、35、
　　　　38、46、47、48、51、59
個眼…………………………………12
小林一茶……………………………28

【さ】
産卵…………………………………
　　… 6、11、18、20、22、24、
　　　25、28、34、35、37、38、
　　　39、42、43、45、46、49、
　　　50、51、53、56、57、59
翅芽…………………………………60
止水（性）………………… 30、40
翅脈…………………………………14
除草剤………………………… 36、43
触角……………………………… 11、12
精子…………………………… 19、23
成熟………………………………… 8、11、13、
　　　　20、22、46、47、51、58
生態系………………………………55
成虫………………………………… 6、11、20、
　　　　28、38、50、51、56、61
植物プランクトン ………………7

【た】
脱皮…………………………………20
棚田…………………………………30
卵………………………………… 6、18、
　　　　20、22、24、25、33、34、
　　　　35、37、38、39、55、56
抽水植物……………………… 42、43

沈水植物…………… 42、43、55
天敵…………………………………43
動体視力……………………………13
動物プランクトン ………………7
トンボ池………………… 54、55
トンボ公園………………………54

【な・は】
なわばり…………… 22、23、48
なわばり争い………………………23
ビオトープ池……… 7、48、55
箱施薬………………………… 38、39
ふ化……………… 6、35、38、59
複眼…………………………… 10、12
副性器………………………… 19、23
浮葉植物…………… 42、43、55
ボウフラ…………… 38、39、55
ホバリング…… 14、15、23、57

【ま】
松尾芭蕉……………………………28
未熟……… 8、11、13、20、58
水草………………………… 37、42、55
藻……………………………………42

【や・ら】
ヤゴ………………………… 6、7、20、24、
　　　　30、33、34、35、37、38、
　　　　39、43、48、49、50、51、
　　　　53、55、56、57、60、61
谷地、谷津、谷戸…………………32
谷津田（谷地田、谷戸田）……30
幼虫…………………………………
　　　6、11、20、22、34、50
与謝蕪村……………………………28
流水性………………………………30

著者　新井　裕（あらいゆたか）

1948年東京生まれ。少年時代を自然の少ない東京ですごすが、虫とりに熱中。中学1年のときにつかまえたクロスジギンヤンマの美しさにみせられ、トンボを専門に追いかける。昆虫研究を職業とすること、自然豊かななかにすむこと、新種の昆虫を発見することを将来の夢とした。その夢がかない、カイコの試験場に就職し、アライヒシモンヨコバイという新種を発見、埼玉県のいなかにもすむことができた。1989年にトンボのすめる環境をまもるため、とんぼ公園づくりに着手。さらに、里山の保全に専念するため、1999年に仕事をやめてNPO法人を設立し、今日にいたる。著書に『トンボ入門』『トンボの不思議』『赤とんぼの謎』（以上、どうぶつ社）、『田んぼの生きものたち　赤とんぼ』（農山漁村文化協会）、『里山再興と環境NPO』（信山社サイテック）などがある。NPO法人むさしの里山研究会理事長。

参考文献

『日本昆虫分類圖説』（朝比奈正二郎、北隆館）／『トンボの不思議』（新井裕、どうぶつ社）／『赤とんぼの謎』（新井裕、どうぶつ社）／『原色日本昆虫生態図鑑2──トンボ編』（石田昇三、保育社）／『日本産トンボ幼虫・成虫検索図説』（石田昇三ほか、東海大学出版会）／『トンボの調べ方』（井上清・宮武頼夫監修、文教出版）／『トンボのすべて』（井上清・谷幸三、トンボ出版）／『赤トンボのすべて』（井上清・谷幸三、トンボ出版）／『トンボの採集と観察』（枝重夫、ニュー・サイエンス社）／『トンボと自然観』（上田哲行編著、京都大学学術出版会）／『昆虫と気象』（桐谷圭治、成山堂書店）／『原色日本トンボ幼虫・成虫大図鑑』（杉村光俊ほか、北海道大学出版会）／『トンボの里　アカトンボにみる谷戸の自然』（田口正男、信山社サイテック）／『ミヤマカワトンボのふしぎ』（佐藤有恒、さ・え・ら書房）／『虫と遊ぶ─虫の方言誌』（斎藤慎一郎、大修館書店）／『日本産トンボ大図鑑』（浜田康・井上清、講談社）／『身近な水辺　ため池の自然学入門』（ため池の自然談話会編、合同出版）／『ため池の自然』（浜島繁隆ほか編著、信山社サイテック）／『下町によみがえったトンボの楽園』（野村圭佑、大日本図書）／『隅田川のほとりによみがえった自然』（野村圭佑、プリオシン）／『トンボの繁殖システムと社会構造』（東和敬ほか、東海大学出版会）／『田んぼの虫の言い分』（NPO法人むさしの里山研究会編、農山漁村文化協会）／『自然を守るとはどういうことか』（守山弘、農山漁村文化協会）／『日本のトンボ』（尾園暁ほか、文一総合出版）

企画・編集：プリオシン（岡崎　務）

イラスト：吉谷昭憲

図版：青江隆一郎

レイアウト・デザイン：杉本幸夫

写真提供：野村圭佑（p7＝プールで救出されたヤゴ、p.52＝工場跡地の風景／ギンヤンマ／オオキトンボ、p.53＝オオギンヤンマ／ハネビロトンボ）

協力：荒川クリーンエイド・フォーラム

トンボをさがそう、観察しよう

どこで、どのようにくらしているの？

2016年7月15日　第1版第1刷発行
2020年7月30日　第1版第2刷発行

著　者　新井　裕
発行者　後藤淳一
発行所　株式会社PHP研究所
　東京本部　〒135-8137 江東区豊洲 5-6-52
　　児童書出版部 TEL 03-3520-9635（編集）
　　　普及部 TEL 03-3520-9630（販売）
　京都本部　〒601-8411 京都市南区西九条北ノ内町 11
　PHP INTERFACE　https://www.php.co.jp/
印刷所・製本所　図書印刷株式会社

© Yutaka Arai 2016 Printed in Japan　ISBN978-4-569-78565-3

※本書の無断複製（コピー・スキャン・デジタル化等）は著作権法で認められた場合を除き、禁じられています。また、本書を代行業者等に依頼してスキャンやデジタル化することは、いかなる場合でも認められておりません。
※落丁・乱丁本の場合は弊社制作管理部（TEL03-3520-9626）へご連絡下さい。送料弊社負担にてお取り替えいたします。

63P　29cm　NDC486